FRIEDL

Prüfung für Brandschutzbeauftragte

Prüfung für Brandschutzbeauftragte

800 Fragen und Antworten

Dr.-Ing. Wolfgang J. Friedl
Beratender Ingenieur
Ingenieurbüro für Sicherheitstechnik, München

3., überarbeitete und erweiterte Auflage, 2020

BOORBERG

Bibliografische Information der Deutschen Nationalbibliothek | Die Deutsche Nationalbibliothek verzeichnet diese Publikation in der Deutschen Nationalbibliografie; detaillierte bibliografische Daten sind im Internet über www.dnb.de abrufbar.

3. Auflage, 2020
ISBN 978-3-415-06790-5

Titelfoto: © Paolo Gallo – stock.adobe.com | Satz: BW-Medien GmbH, Heckenweg 4, 71287 Weissach | Druck und Bindung:
Beltz Bad Langensalza GmbH, Am Fliegerhorst 8, 99947 Bad Langensalza

Richard Boorberg Verlag GmbH & Co KG | Scharrstraße 2 | 70563 Stuttgart
Stuttgart | München | Hannover | Berlin | Weimar | Dresden
www.boorberg.de

Vorwort

Brandschutzbeauftragte erwartet eine attraktive, bedeutende und verantwortungsvolle Aufgabe. Ständig gibt es in Unternehmen sicherheitstechnische und brandschutztechnische Fragen zur Verfahrenstechnik, der Organisation, zum Verhalten im Brandfall, zu baulichen Belangen oder auch zur Gebäudetechnik. Brandschutzbeauftragte müssen beweisen, dass sie diese Fragen beantworten können – in Gesprächen mit fachvorgesetzten Produktionsleitern, Werkstattmeistern, Arbeitern, Mitgliedern der Geschäftsleitung, Architekten, Behördenvertretern oder Hausverwaltern. Es geht um Maßnahmen baulicher Art, um technische Anschaffungen oder auch um organisatorische Dinge, wie z.B. die brandschutzkonforme Gestaltung der Arbeitsumgebung. Neben gesetzlichen Rahmenbedingungen wie Fluchtweglängen oder Brandabschnittsbereiche sind insbesondere auch Erfahrungswerte von Bedeutung. Die vorliegenden Prüfungsfragen und Antworten halten hierzu umfangreiches Wissen bereit.

Antworten auf die Fragen des Brandschutzes sind oft nicht absolut richtig oder absolut falsch, und es wird Sachkundige geben, die bestimmte Sachverhalte anders einstufen, aus anderem Sichtwinkel wahrnehmen oder weitere Alternativen sehen. Der Autor ist daher bemüht, soweit möglich ein breites Spektrum an Antwortmöglichkeiten abzudecken und eine sachgerechte Orientierung zu bieten. Es kommt darauf an, die Antworten zu verstehen. Nichts soll stupide ohne zu hinterfragen auswendig gelernt werden. Viele Fragen sind jedoch mit gesundem Menschenverstand, andere wiederum mit angeeignetem Fachwissen zu beantworten.

Mit dieser Neuauflage wird das bekannte Fachbuch Friedl/Friedl, „Der Brandschutzbeauftragte – Grundwissen für Ausbildung und Praxis“, ideal ergänzt. Exakt 800 Prüfungsfragen und Antworten machen das notwendige Wissen für die Prüfung zum/zur Brandschutzbeauftragten transparent. Inhaltlich orientiert sich das Werk an der aktuellen Ausbildungsvorgabe DGUV-Information 205-003. Die überarbeitete Neuauflage enthält neben diversen Aktualisierungen und Ergänzungen neu eingefügte Fragen zum Thema „Brandgefahr von Lithium-Ionen-Batterien“. Bewährt hat sich das separate Lösungsheft zum Herausnehmen. So gelingt ein noch schnellerer Abgleich mit den korrekten Antworten. Erneut gilt ein ganz besonderer Dank dem Fachbeirat, der sich bereit erklärt hat, auch bei dieser Neuauflage mitzuwirken und das Buch noch besser zu machen. Die konstruktiven Hilfen wurden aufgegriffen und an geeigneter Stelle in diesem Werk eingebracht.

München im Frühjahr 2020 Der Autor

Autor

Wolfgang J. Friedl, Dr.-Ing., geb. 1960. Studium Sicherheitstechnik mit den Schwerpunkten Brandschutz und Arbeitsschutz in Nordrhein-Westfalen; Promotion in Magdeburg; Beratender Ingenieur, seit 1996 Ingenieurbüro für Sicherheitstechnik mit den Schwerpunkten Brand-, Einbruch-, Arbeits- und EDV-/RZ-Schutz, München; Brandschutzkonzepte für Sonderbauten; Beratung Brandschutz und Regulierung Brandschäden weltweit für international agierende Industrieversicherungen; Referent und Schulungsleiter bei Seminaren und Sicherheitskongressen der Industrie sowie bei Ausbildungsakademien und Universitäten; tätig als Dozent und Modulleiter der DIPLOMA-Hochschule; bekannter Autor zahlreicher Fachpublikationen der Sicherheitstechnik.

Fachbeirat

Martin Amler, geb. 1975. Ausbildung im Maschinenbau (Maschinen und Systemtechnik). Laufbahnausbildung im mittleren feuerwehrtechnischen Dienst. Zusatzstudium an der Hochschule Esslingen (Zertifizierter Fachplaner und Sachverständiger Brandschutz). Gründung eines Büros für Brandschutzplanung. Laufbahnausbildung im gehobenen feuerwehrtechnischen Dienst (Einsatzleiter vom Dienst und Sachgebietsleiter Vorbeugender Brand- und Gefahrenschutz). Mitglied der Freiwilligen Feuerwehr.

Giovanni Aichele, geb. 1961. Feuerwehrlaufbahn: 1991 Kommandant der FFW Lautrach, 1993 Dozent der VBG Lautrach, 2003 Brandschutzbeauftragter der Fa. Goldhofer mit allen Rechten und Pflichten. 2006 Fachkreisbrandmeister Unterallgäu, zuständig für die Ausbildung; Basis-Grundausbildung Truppführer, Fahrzeugmaschinisten und Feuerwehrführerscheinausbildung (131 Wehren). Auszeichnungen: Bayrisches Steckkreuz (höchste Bayr. Feuerwehrauszeichnung) durch Innenminister Joachim Hermann, Ehrenkreuz in Silber des Bezirksfeuerwehrverbandes Schwaben. Seit 1990 Fa. Goldhofer, Meister im Stahlbau.

Inhaltsverzeichnis

A. Einleitung

In der Abschlussprüfung ist üblicherweise ein **schriftlicher** Fragenkatalog abzuarbeiten sowie eine **mündliche** Prüfung abzulegen. Darüber hinaus kann es noch eine Gruppenarbeit geben, oder aber diese Gruppenarbeit wird als mündliche Prüfung angesehen. Die schriftliche Abschlussprüfung für zukünftige Brandschutzbeauftragte umfasst mindestens 60 Fragen, die sich anteilmäßig auf die folgenden Stoffgebiete beziehen. Nach der **DGUV-Information 205-003** lässt sich von folgender Verteilung ausgehen (an dieser Gewichtung orientiert sich auch der Umfang der nachfolgenden Kapitel), geringe Abweichungen sind jedoch üblich und erlaubt:

Inhalte	**Fragen**
Rechtliche Grundlagen	4
Brandlehre	3
Brand- und Explosionsgefahren	7
Baulicher Brandschutz	8
Anlagentechnischer Brandschutz	8
Handbetätigte Geräte zur Brandbekämpfung	2
Organisatorischer Brandschutz	16
Brandschutzmanagement	8
Behörden, Feuerwehren, Versicherungen	4
Summe	**60**

Somit kommt man auf 60 Fragen. Zu diesen Bereichen gibt es im folgenden Kapitel Prüfungsfragen sowie die entsprechenden Antworten im beigelegten Lösungsheft. Diese Prüfungsfragen können einem sowohl mündlich als auch schriftlich gestellt werden. Vor allem in der mündlichen Prüfung geht es den Prüfern darum, dass man ein **Gefühl für den Brandschutz** erkennen lässt, dazu ein paar Beispiele:

- Brandschutzbeauftragte sollten in etwa wissen, welche brandschutztechnische Vorgabe in welchem Gesetz, in welcher Bestimmung, in welcher Verordnung oder in welcher Regel zu finden ist.
- Wer einer kleinen Schreinerei eine Sprinkleranlage empfiehlt, versteht nicht, dass dies das Budget eines Schreiners überfordert.
- Wer gefragt wird, was man an einer Brandschutztür überprüfen kann, sollte dazu spontan ein paar Punkte aufführen können, die man mit dem gesunden Menschenverstand auch ohne Brandschutzfachwissen herleiten könnte.

- Wer gefragt wird, was zu einer Unterweisung für Küchenangestellte, Büroangestellte, EDV-Mitarbeiter oder Lagerarbeiter gehört, sollte ein paar bereichsspezifische Fragen, Probleme und Lösungen souverän vortragen können.
- Brandschutzbeauftragte müssen werten können: Situationen, die einerseits unbedingt umgehend abgestellt werden müssen, Situationen, die demnächst anzugehen sind, und andererseits solche Situationen, die – obwohl es sich formaljuristisch um einen Verstoß handelt – geduldet werden können.
- Brandschutzbeauftragte müssen perfekt Bescheid wissen, welches Löschmittel für welche Einsatzmöglichkeiten geeignet, ungeeignet, gefährlich oder gar tödlich sein kann.

Um zu bestehen, sind insgesamt mindestens **60 %** der Fragen **richtig** zu beantworten (≥ 36). Die Fragen sollen zu 90 % so gestellt sein, dass man ankreuzt, und 10 % werden durch Sätze beantwortet. Einige der Fragen zum Ankreuzen müssen so gehalten sein, dass mindestens eine der drei oder vier vorgegebenen Antwortmöglichkeiten richtig ist. Manche Fragen geben mit der Formulierung bereits vor, ob die Antwort ein Kreuz oder mehrere Kreuze erfordert. Beispiele dazu:

- Was ist die Hauptbrandgefahr bei … Hier ist also nur ein Kreuz zu setzen, weil die Frage im Singular gestellt wurde.
- Was sind die Hauptbrandgefahren bei … Hier, da im Plural gefragt, sind mindestens zwei Kreuze zu setzen, ggf. auch drei oder vier.
- Was wäre optimal …? Hier wird nicht gefragt, was gesetzlich mindestens gefordert ist, sondern was brandschutztechnisch am besten wäre.
- Was muss mindestens …? Hier wird nach dem gesetzlichen Minimum gefragt, nicht nach einem Maximum oder gar Optimum.

Lesen Sie die Fragen genau durch, um zu **verstehen**, was gemeint ist. Lassen Sie keine Missverständnisse aufkommen, erkennen Sie nicht vermeintliche Fehler oder Doppeldeutigkeiten in der Fragestellung, entdecken Sie nicht den berühmten, seltenen Ausnahmefall. Es soll zum Ausdruck gebracht werden, dass die Fragen nicht „hinterhältig" sind, sondern vielleicht von einem Techniker oder Ingenieur formuliert wurden und deshalb eventuell teilweise – streng formaljuristisch – angreifbar wären. Wenn Sie viermal im Jahr eine Überprüfung vorzunehmen haben, reicht die Antwort „viermal im Jahr" – ein Jurist wird „vierteljährlich" oder „quartalbezogen" antworten, denn viermal im Jahr kann auch am 02. 01. um 09.00 Uhr, um 11.00 Uhr, um 15.00 Uhr und um 17.00 Uhr sein.

Schauen Sie genau hin, aus welcher fachlichen Richtung Ihr **Prüfer** kommt, denn jeder hat im Brandschutz seine Vorlieben. Ein Feuerwehrmann wird sich freuen, wenn Sie mit Begriffen wie DL, DN 100, TLF oder HLF etwas anfangen können. Ein Mitarbeiter einer Feuer-Industrieversicherung möchte vermehrt etwas über Brand- und Komplextrennwände hören, über Möglichkeiten der Rabattierung oder über andere versicherungsrechtliche Belange. Ein Mitarbeiter einer Berufsgenossenschaft wird, anders als der Versicherungsingenieur, sich primär für Personenschutz und weniger um Betriebsunterbrechungs-(BU)-Schäden interessieren. Stammt ein Prüfer aus dem Bereich des Arbeitsschutzes, wird ihm die Arbeitsstättenverordnung bekannter sein als die jeweilige Landesbauordnung. Manche Prüfer kommen von Errichterfirmen für Brandmeldeanlagen und werden über Sprinklerschutz oder baulichen Brandschutz weniger wissen wollen. Auch gibt es Fachlehrer, die noch Fachwissen von früher vertreten und neue Erkenntnisse nicht akzeptieren oder nicht kennen. Sie wollen ja nicht den Prüfer belehren, sondern die Prüfung bestehen. Dazu ein paar Beispiele:

- Früher sagte man, Fenster sind zu schließen in verrauchten Räumen. Heute weiß man, dass der Personenschutz besser gewährleistet wird, wenn die Fenster geöffnet werden.
- Früher wurden Sprinkleranlagen vor Entrauchungsanlagen angefahren, heute macht man es umgekehrt.
- Früher war man pauschal für Pulverlöscher, heute vermeidet man diese, weil das Löschmittel Pulver extrem große Schäden anrichten kann.
- Früher sagte man, dass die Entrauchung nur von der Feuerwehr geöffnet werden darf; heute weiß man, dass das möglichst frühe Öffnen das Feuer kleiner hält.

Abschließend noch ein **Tipp**: Versuchen Sie nicht, zu viele der nachfolgenden Fragen hintereinander zu beantworten, denn irgendwann lässt die Konzentration nach. Da in der Prüfung ca. 60 Fragen gestellt werden, können Sie diese Zahl als Maßstab verwenden. Manche Fragen sind identisch, nicht aber die vorgegebenen Antwortmöglichkeiten. Und manche Fragen sind nur scheinbar identisch. Lesen Sie die Fragen ganz genau durch, damit Sie diese auch wirklich zu 100 % verstanden haben. Damit allein vermeiden Sie schon bis zu 10 % der Fehler (Erfahrungswert).

An Stellen im Buch, wo geschlechtsneutrale Formulierungen aus Gründen der Lesbarkeit unterbleiben, sind ausdrücklich stets alle Geschlechter angesprochen.

B. Prüfungsfragen

Anmerkung: Es liegt in der Natur der Sache, dass sich einige Fragen in zwei oder mehr Kapitel einordnen lassen würden, so etwa in die Kapitel 1 (Gesetze) und 8 (Versicherungen) oder in die Kapitel 5 (anlagentechnischer Brandschutz) und 6 (Löschthemen). Die Reihenfolge der Fragen ist nicht von Relevanz. Es mögen einem auch nicht alle Fragen praxisbezogen vorkommen. Da in manchen Prüfungsinstitutionen solche Fragen aber erfahrungsgemäß auftauchen, wurden diese auch aufgenommen.

1. Gesetze, Bestimmungen, Verordnungen, Vorschriften

1. Wo werden Handfeuerlöscher für Unternehmen gefordert?

A Betriebssicherheitsverordnung (BetrSichV) ☐
B Jeweilige Landesbauordnung (LBO) ☐
C Nirgends, das ist eine freiwillige Aktion. ☐
D Verordnung über die Verhütung von Bränden (VVB) ☐
E BG-Bestimmungen ☐
F Strafgesetzbuch (StGB) ☐
G Arbeitsstättenverordnung (ArbStättV) ☐

2. Braucht man in größeren Tiefgaragen, die erst kürzlich erbaut wurden, Handfeuerlöscher?

A Ja, so wie in jedem anderen Bereich eines Unternehmens. ☐
B Nein, das ist heute nicht mehr explizit vorgeschrieben. ☐
C Das hängt von der Gewerbeaufsicht ab. ☐
D Ca. 50 % aller Berufsgenossenschaften fordern das, die anderen 50 % nicht. ☐

3. Welche Vorgabe regelt das brandschutzkonforme Errichten von Gebäuden?

A Die jeweilige Landesbauordnung. ☐
B Die Bundesbauordnung. ☐
C Die Musterbauordnung. ☐
D Das Städtebaurecht. ☐
E Die Landesbaurichtlinie. ☐

4. Was darf man in einem Gebäude, errichtet nach der jeweiligen Landesbauordnung, nicht?

A Ein sog. Ärztehaus einrichten. ☐
B Eine Versammlungsstätte für 230 Personen einrichten. ☐
C Ein Schreibwarengeschäft einrichten. ☐
D Büroeinheiten in den Obergeschossen oberhalb des 2. OGs einrichten. ☐

5. Wo finden Sie gesetzliche Anforderungen an Rauch- und Brandschutztüren?

A In den Klauseln des Feuer-Versicherungsvertrags. ☐
B In der Bauordnung des Bundes. ☐
C In der jeweiligen Landesbauordnung. ☐
D In den Vorgaben der Gewerbeaufsicht. ☐
E In den Berufsgenossenschaftlichen Vorgaben. ☐

6. Wie häufig ändern sich die jeweiligen Landesbauordnungen?

A Einmal im Jahr. ☐
B In unregelmäßigen Abständen. ☐
C Die Bauordnungen werden ca. alle 20 Jahre überarbeitet. ☐
D Das Bauordnungsrecht steht seit 1949 unverändert. ☐

7. Was bedeutet es für bestehende Gebäude, wenn sich die jeweilige Landesbauordnung ändert?

A Diese müssen nachgerüstet werden nach den neuen Vorgaben. ☐
B Die neuen Vorgaben gelten grundsätzlich für Neubauten, nicht für den Bestand. ☐
C Die neuen Vorgaben müssen nur dann bei bestehenden Gebäuden eingehalten werden, wenn dort ansonsten eine erhebliche Gefahr für Leben oder Gesundheit vorliegt. ☐
D Die Bauordnungen sind unverbindliche Richtlinien, die nicht eingehalten werden müssen. ☐

8. Was bedeutet das Kürzel „GDV"?

A Gesamtdeutsche Vereinigung ☐
B Gesetze der Deutschen Versicherungsgesellschaften ☐
C Geltungsbereich (der) Druckbehälter Verordnung ☐
D Gesamtverband (der) Deutschen Versicherungswirtschaft ☐

9. Wofür steht die Abkürzung „VdS"?

A Vereinigung deutscher Sicherheitsunternehmen ☐
B Urspr. „Verband der Schadenversicherer" ☐
C „Vertrauen dank Sicherheit" Schadenverhütung GmbH ☐
D Verzeichnis der Schutzmaßnahmen ☐

10. Wo ist das Bauordnungsrecht verankert?

A Bundesrecht ☐
B Landesrecht ☐
C Innerhalb des Arbeitsschutzes. ☐
D In den VdS-Vorgaben der Feuerversicherungen. ☐
E Städtetagrecht ☐

11. Wer ist in einem Unternehmen für das Erstellen eines Explosionsschutzdokuments verantwortlich?

A Der Betriebsrat, vertreten durch dessen Vorsitzenden. ☐
B Der Bereichs- oder Abteilungsleiter. ☐
C Die Mitarbeiter. ☐
D Der Unternehmer bzw. die von ihm damit beauftragten Personen. ☐
E Unternehmen brauchen Brandschutzordnungen, aber kein Explosionsschutzdokument. ☐
F Explosionsschutzdokumente müssen nur bei neuen Unternehmen realisiert werden. ☐
G Explosionsschutzdokumente müssen erst seit dem 31.12.2015 vorgehalten werden. ☐

12. Wer ist juristisch für die Einführung und Durchsetzung von Brandschutzmaßnahmen in einem Unternehmen verantwortlich?

A Der Unternehmer sowie die von ihm beauftragten Personen. ☐
B Jeder, der sich auf dem Firmengelände befindet. ☐
C Die Mitarbeiter. ☐
D Die Gewerbeaufsicht. ☐
E Die Brandschutzbehörde. ☐
F Der Kreisbrandrat (in manchen Gegenden auch Kreisbrandinspektor oder Kreisbrandmeister genannt). ☐

13. Wo sind die verbindlichen brandschutztechnischen berufsgenossenschaftlichen Vorgaben geregelt?

A Diese sind nicht verbindlich sondern unverbindlich und werden von den Berufsgenossenschaften herausgegeben. ☐
B In den Vorgaben der zuständigen BG bzw. von der DGUV. ☐
C Das Bundesarbeitsministerium erlässt diese. ☐
D Die VVB (Verordnung zur Verhütung von Bränden) regelt das. ☐

14. Wie viele Mitarbeiter sind im praktischen Umgang mit Handfeuerlöschern zu unterweisen?

A Mindestens einer. ☐
B In der Regel sind 5 % ausreichend (Gefährdungsbeurteilung). ☐
C 10 % ☐
D 100 % ☐

15. Wie viele Mitarbeiter braucht man als Ersthelfer in einem Betrieb, der kein Verwaltungs- oder Handelsbetrieb ist, mit mehr als 20 anwesenden Mitarbeitern?

A Mindestens immer eine Person. ☐
B 5 % ☐
C 10 % ☐
D 25 % ☐

16. Für berufsgenossenschaftliche Vorschriften gilt:

A Diese dürfen von der Gewerbeaufsicht verschärft oder entschärft werden. ☐
B Diese dürfen von der für den Brandschutz zuständigen Behörde verschärft oder entschärft werden. ☐
C Diese gelten als autonome Rechtsnormen und sind zwingend einzuhalten. ☐
D Man kann auch bestraft werden, wenn durch Nichteinhalten dieser Vorschriften noch kein Brand/noch keine Verletzung entstanden ist. ☐

17. Wo werden Qualität und Quantität von Feuerlöschern bzw. des Löschmittels definiert?

A StGB ☐
B IndBauRL ☐
C VBG ☐

D ASR A2.2 ☐
E Wird durch die Feuerwehr gefordert und festgelegt. ☐
F LBO ☐

18. Sie finden widersprüchliche Aussagen zu einem konkreten brandschutztechnischen Thema in zwei verschiedenen Bestimmungen; kreuzen Sie an, welche jeweils die rechtlich maßgebliche ist.

Arbeitsstättenverordnung	Arbeitsstätten-Regeln
Landesbauordnung	Arbeitsstättenverordnung
Arbeitsstättenverordnung	VdS-Vorgabe
DIN Norm	BG-Bestimmung
DIN EN Norm	Landesbauordnung
VDSI-Regel	Arbeitssicherheitsgesetz
Technische Regel	Betriebssicherheitsverordnung
Arbeitsschutzgesetz	Strafgesetzbuch

19. Für DIN-Normen gilt ebenso wie für EN-Normen:

A Diese zeigen den Stand der jeweiligen Technik auf. ☐
B Diese sind immer verbindlich einzuhalten, ohne dass Abweichungen erlaubt sind. ☐
C Hält man diese ein, so entspricht man immer den gesetzlichen Anforderungen und ist im Schadensfall sicher unschuldig. ☐
D Diese können und müssen nur vom Mittelstand und von Großunternehmen eingehalten werden. ☐
E Diese sind privatrechtliche Vorgaben, erstellt von Interessenverbänden, deren Einhaltung nicht immer absolut zwingend ist. ☐
F Diese zeigen die Regeln der Technik auf, von denen man grundsätzlich abweichen darf, wenn die Sicherheit mindestens auf diesem Niveau (oder höher) auf eine andere Weise erreicht wird. ☐

20. TR, also Technische Regeln, geben beispielsweise konkrete Vorgaben …

A … zur Lagerung von Gefahrstoffen in ortsbeweglichen Behältern (TRGS). ☐
B … zur Gefährdungsbeurteilung und sicherheitstechnischen Bewertung (TRBS). ☐

C ... zu baulichen Mindestanforderungen an Gebäude (TRBau). ☐
D ... zum Verhalten bei Gebäuderäumungen (TRGrL). ☐
E ... zur Brandschutzschulung (TRBS-S). ☐
F ... zum Explosionsschutzdokument (TRExD). ☐

21. Wie sind Technische Regeln juristisch zu sehen?

A Verbindlich einzuhaltende Vorgaben, jedoch Gesetzen nachgeordnet. ☐
B Sie zeigen die momentan sinnvollen Regeln der Sicherheit; man darf davon abweichen, wenn man dieses Niveau auf eine andere Weise mindestens erreicht oder übertrifft. ☐
C Sie sind verbindliche Empfehlungen, die DIN-Normen nachgeordnet sind. ☐
D Sie gelten als sog. autonome Rechtsnormen und müssen in Unternehmen, nicht aber im Privatbereich erfüllt werden. ☐

22. Ihr Unternehmen produziert, be- und verarbeitet brennbare Stoffe. Sie wollen sich über Brandschutz im Internet informieren. Wo werden Sie wohl die konkretesten Vorgaben zum Handling von und zum Umgang mit brennbaren Stoffen finden?

A In DIN-Normen (DIN). ☐
B In Technischen Regeln (TR). ☐
C In der Verordnung zur Verhütung von Bränden (VVB). ☐
D In der jeweiligen Landesbauordnung (LBO). ☐

23. In welcher Vorschrift wird die Brandschutzordnung behandelt?

A DIN 14 096 ☐
B EN 13 501 ☐
C ArbStättV ☐
D LBO ☐

24. In welcher Vorschrift wird Alkohol am Arbeitsplatz behandelt?

A VVB ☐
B TRUV ☐
C ArbStättRL ☐
D StGB ☐
E In einer BG-Bestimmung. ☐

25. Ist es verboten, bei der Arbeit Alkohol zu trinken oder andere berauschende Mittel zu konsumieren?

A Grundsätzlich schon, und zwar immer dann, wenn man sich und andere damit in Gefahr bringen kann. ☐
B Nein. ☐
C Eine Flasche Bier je vier Stunden Arbeitszeit kann auf Baustellen sogar die Arbeitsleistung anheben und sollte ausgegeben werden. ☐
D Auf Baustellen und für Fahrzeuglenker schon, nicht aber in der Produktion. ☐

26. Wo finden sich Informationen zu Sicherheitsbeauftragten (≠ SiFa/FaSi)?

A In den Vorgaben der Gewerbeaufsicht. ☐
B In BG-Bestimmungen und im Sozialgesetzbuch VII. ☐
C Im Arbeitsschutzgesetz. ☐
D Im Arbeitssicherheitsgesetz. ☐
E In der DGUV Vorschrift 1, § 20. ☐
F In der ASR A2.2. ☐

27. Wo findet man berufsgenossenschaftliche Vorgaben zu feuergefährlichen Arbeiten?

A DGUV Information 205-002 ☐
B BG-L 01 ☐
C Dies ist nicht bei der Berufsgenossenschaft geregelt, sondern ausschließlich in den privatrechtlichen Vorgaben der Feuerversicherungen. ☐
D BGM 101 ☐
E ASR A 2.2 ☐

28. Sie wollen sich über die Kennzeichnung von Fluchtwegen und allgemein über Brandschutzkennzeichnungen informieren. Wo finden Sie darüber etwas?

A ASR A1.3 und ASR A2.3 ☐
B Feuerschutzgesetz ☐
C Fluchthilfeleistungs-Richtlinie ☐
D Das ist nicht weiter geregelt, man darf grundsätzlich jede Art der Ausschilderung verwenden, wenn sie eindeutig ausgeführt ist. ☐
E Betriebssicherheitsverordnung ☐

29. Wo stehen Informationen über einen Alarmplan?

A DIN 41 02 ☐
B Arbeitsschutzgesetz, Arbeitssicherheitsgesetz ☐
C DIN 14096 und bei der zuständigen BG ☐
D Technische Regel Alarmplan (TR-A) ☐
E So etwas gibt es seit 2012 nicht mehr. ☐

30. Wo finden Sie brandschutzrelevante Vorgaben über die Lagerung brennbarer Flüssigkeiten in ortsunveränderlichen Behältern?

A TRGS 509 ☐
B TRGS 510 ☐
C TA Luft ☐
D Jeweilige Landesbauordnung. ☐
E Feuerwehrgesetz ☐
F DIN 16 325 ☐

31. Wo finden Sie brandschutzrelevante Vorgaben über die Lagerung brennbarer Flüssigkeiten in ortsveränderlichen Behältern?

A TRGS 509 ☐
B TRGS 510 ☐
C TA Luft ☐
D Jeweilige Landesbauordnung. ☐
E Feuerwehrgesetz ☐
F DIN 16 325 ☐

32. Wo finden Sie z. B. Hinweise zu Inhalten für Betriebsanweisungen für Gefahrstoffe?

A In der jeweiligen Landesbauordnung. ☐
B In der Muster-Industriebaurichtlinie. ☐
C In der Gefahrstoff-Verordnung. ☐
D In der Betriebsanweisungs-Verordnung des Bundes. ☐

33. Wo ist die Übertragung von Unternehmerpflichten geregelt?

A DGUV Vorschrift 1 ☐
B Arbeitnehmer-Überlassungsgesetz ☐
C Nirgends ☐
D Ordnungswidrigkeiten-Verordnung ☐
E Strafgesetzbuch ☐

34. Sind Verbandkästen verbindlich gefordert in Unternehmen?

A Ja, geregelt in der DGUV Vorschrift 1. ☐
B Nein. ☐
C Nur in produzierenden Unternehmen und in Lagern, nicht in der Verwaltung. ☐
D Ja, ein Verbandskasten je 10 Mitarbeiter. ☐

35. Welche der nachfolgenden Aussagen sind richtig?

A Die Bestellung des Brandschutzbeauftragten ist vom Betriebsrat mitbestimmungspflichtig. ☐
B Brandschutzbeauftragte müssen vorgesetzte Personen sein. ☐
C Brandschutzbeauftragte sind immer weisungsbefugt. ☐
D In jedem Arbeitsraum > 150 m^2 fordert die ASR A2.2 mindestens einen Feuerlöscher. ☐
E Feuerlöscher dürfen nicht weniger als 6 kg und nicht mehr als 12 kg wiegen. ☐
F Rechte und Pflichten des Brandschutzbeauftragten sind in den Landesbauordnungen geregelt. ☐
G Rechte und Pflichten des Brandschutzbeauftragten sind im Arbeitssicherheitsgesetz geregelt. ☐
H Rechte und Pflichten des Brandschutzbeauftragten sind in der Brandschutzbeauftragten-Verordnung geregelt. ☐
I Der Arbeitsschutzausschuss kommt mindestens einmal im Quartal zusammen. ☐
J Brennbare Flüssigkeiten dürfen am Arbeitsplatz offen nur in der Menge gelagert werden, wie an einem Tag in drei Schichten verarbeitet werden. ☐
K Brennbare Flüssigkeiten dürfen am Arbeitsplatz nur in der Menge bereitgestellt werden, wie es die Fortsetzung der Arbeit erfordert, maximal jedoch die für eine Schicht nötige Menge je Arbeitsplatz. ☐
L Brennbare Flüssigkeiten dürfen in dafür zugelassenen Schränken am Arbeitsplatz auch gelagert werden. ☐
M Die Kontrolle von Gesetzen und Verordnungen im Brandschutz unterliegt der zuständigen Berufsgenossenschaft. ☐
N Der Brandschutzbeauftragte muss alle Mitarbeiter hinsichtlich des Brandschutzes unterweisen. ☐
O Die Prüfung von brandschutzrelevanten anlagentechnischen Einrichtungen muss schriftlich erfolgen. ☐

36. Wer darf brandschutztechnische Begehungen in Unternehmen durchführen?

A Die Berufsgenossenschaft. ☐
B Die Gewerbeaufsicht. ☐
C Die Feuerversicherungen. ☐
D Behördenvertreter wie z. B. Kreisbrandräte, Kreisbrandmeister, Kreisbrandinspektoren und speziell geschulte Mitarbeiter von der Feuerwehr (Abteilung Vorbeugender Brandschutz). ☐
E So etwas gibt es nicht. ☐

37. Welche Aussagen treffen für Brandschutzbeauftragte zu?

A Beratend tätig; immer weisungsbefugt. ☐
B Beratend tätig; weisungsbefugt nur in Notsituationen oder nach Beauftragung. ☐
C Vorgesetzter für die Feuerwehr bei Bränden. ☐
D Brandschutzbeauftragte müssen eine abgeschlossene Berufsausbildung nachweisen können. ☐

38. Welche Forderungen stellt das Arbeitsschutzrecht an Unternehmen?

A Private Unfall-Versicherung aller Mitarbeiter bei der Berufsgenossenschaft. ☐
B Bildung des Brandschutzsicherheitsausschusses, einmal im Monat. ☐
C Durchführung von Gefährdungsbeurteilungen. ☐
D Feuerlöscher sind nur bis zu einem zulässigen Gesamtgewicht von 12 kg erlaubt. ☐

39. Welche Schutzziele geben die jeweiligen Landesbauordnungen vor?

A Keine, diese werden vom Arbeitnehmer definiert. ☐
B Die Schutzziele stammen nicht aus den Bauordnungen, sondern kommen von den Berufsgenossenschaften sowie Gewerbeaufsichtsämtern. ☐
C Personenschutz, Personenrettung, Tierschutz, wirksame Löscharbeiten ermöglichen. ☐
D Jede Aufenthaltsebene benötigt drei voneinander unabhängige Flucht- und Rettungswege. ☐

40. Wie oft sind Sicherheitsbelehrungen nach dem Arbeitsschutzgesetz durchzuführen?

A Das ist nicht geregelt. ☐
B Das hängt von der Gefährdung ab: Einmal im Jahr in der Verwaltung, zweimal im Lager und in der Produktion. ☐
C Mindestens einmal im Jahr. ☐
D Lediglich bei der Einstellung ist das nötig. ☐

41. Wie häufig fordert die Muster-Industriebaurichtlinie, dass die Mitarbeiter zum Thema Brandschutz belehrt werden?

A Mindestens einmal in zwei Jahren und vor Aufnahme der Tätigkeit. ☐
B Einmal im Jahr. ☐
C Alle drei Jahre. ☐
D Quartalsweise, entsprechend den ASA-Sitzungen. ☐

42. Was berücksichtigt man u.a. bei Gefährdungsbeurteilungen?

A Eingesetzte Stoffe. ☐
B Vorhandene Energien. ☐
C Neben dem Brandschutz auch Arbeits-, Gesundheits-, Strahlen- und Umweltschutz. ☐
D Relevante Inhalte von Vorgaben der Berufsgenossenschaft, Technische Regeln. ☐

43. Wann ist eine Überarbeitung der Gefährdungsbeurteilung nötig?

A Bei einer Veränderung der entsprechenden Gesetzgebung. ☐
B Beim Einsatz anderer Materialien und anderer Arbeitsverfahren. ☐
C Immer nach den Betriebsunterbrechungen (z.B. Ferien), die länger als 5 Tage dauern. ☐
D Grundsätzlich einmal in 12 Monaten. ☐

44. Mit dem Baugenehmigungsverfahren werden …

A … brandschutztechnische Mindestanforderungen baulicher und anlagentechnischer Art (manchmal auch organisatorischer Art) für ein Gebäude festgelegt. ☐
B … architektonische Sachverhalte beschrieben. ☐

C ... nutzungsbedingte Sachverhalte festgelegt. ☐
D ... grundsätzlich Gebäude für eine befristete Zeit für ihren Bestimmungszweck freigegeben. ☐

45. Gebäude sind so auszuführen, dass ...

A ... es für jede Nutzungseinheit mit Aufenthaltsmöglichkeit mindestens zwei Flucht- und Rettungswege gibt. ☐
B ... die Flucht bzw. Rettung von Lebewesen möglich ist. ☐
C ... der Ausbreitung von Feuer vorgebeugt wird. ☐
D ... der Ausbreitung von Rauch vorgebeugt wird. ☐
E ... wirksame Löscharbeiten möglich sind. ☐

46. Nennen Sie mindestens zwei Technische Regeln (TR) bzw. Arbeitsstättenregeln (ASR), die Sie kennen und die den Brandschutz tangieren.

____

____

47. Wo finden Sie etwas über mögliche Inhalte für die brandschutzgerechte Schulung von Mitarbeitern?

A BG-Bestimmungen und VdS-Richtlinien ☐
B Suchmaschine im Internet ☐
C Informationsbroschüre des Sprinkleranlagen-Errichters ☐
D Brandschutzkonzept ☐

48. Nennen Sie mindestens zwei <u>Richtlinien</u>, die mit Brandschutz direkt oder indirekt zu tun haben.

____

____

49. Nennen Sie mindestens vier verschiedene Gesetze, Bestimmungen, Regeln und Verordnungen, die den Brandschutz direkt oder indirekt betreffen.

____

____

50. Nennen Sie mindestens drei berufsgenossenschaftliche Vorschriften, Regeln, Informationen oder Grundsätze, die (auch) mit Brandschutz zu tun haben.

____

____

51. Was ist Ihrer Meinung nach die wichtigste Forderung im „Deutschen Brandschutzgesetz" (= DBG)?

- A Fluchtwege sind freizuhalten. ☐
- B Ein Gesetz mit diesem Namen gibt es nicht. ☐
- C Feuer sind zu bekämpfen, wenn man sich dabei nicht in unmittelbare Gefahr begibt. ☐
- D In Fluren sind immer Leitungen bis 7 kWh/m^2 (also ca. 5 Leitungen) erlaubt. ☐

52. Wo ist geregelt, wie viele Feuerlöscher man braucht?

- A Arbeitsstättenverordnung ☐
- B Landesbauordnung ☐
- C Gewerberecht ☐
- D ASR A2.2 ☐

53. Woher weiß man, wie viele Feuerlöscher man braucht?

- A Das geht nach dem Gewicht (kg bzw. l) des Löschmittels. ☐
- B Das bestimmt sich nach den Löschmitteleinheiten (= LE) der unterschiedlichen Löschmittel. ☐
- C Das gibt der Kreisbrandmeister vor. ☐
- D Hier gelten die unverbindlichen Richtlinien des Haftpflichtversicherers. ☐

54. Wie kann ein Explosionsschutzdokument aufgebaut sein?

- A Es muss mindestens die Ermittlung und Bewertung der Explosionsgefahren und -risiken enthalten sowie eine Beschreibung der Gegebenheiten, der eingesetzten Mittel und Gerätschaften sowie die Festlegung spezifischer Maßnahmen. ☐
- B Primärer, sekundärer und tertiärer Explosionsschutz. ☐
- C Vorbeugender und abwehrender Explosionsschutz. ☐
- D Baulicher, anlagentechnischer und organisatorischer Explosionsschutz. ☐

55. Was gehört zum primären Explosionsschutz?

A Bruchsichere Behälter, Schulung, Auswahl, Substituieren, Mess-Sensoren, Reduzieren/Minimieren. ☐
B Zutrittsverbote, besondere Kleidung, besondere elektrische Geräte und Anlagen, EX-geschützte mechanische Geräte. ☐
C Funkenerkennung, Funkenausscheidung, Funkenlöschung, EX-Druck-Entlastung, EX-feste Bauweise. ☐
D Brandschutzkonzept, Betriebsbegehungen, Unterweisungen, Aushang der ASF. ☐

56. Was gehört zum sekundären Explosionsschutz?

A Bruchsichere Behälter, Schulung, Auswahl, Substituieren, Mess-Sensoren, Reduzieren/Minimieren. ☐
B Zutrittsverbot, besondere Kleidung, besondere elektrische Geräte und Anlagen, EX-geschützte mechanische Geräte. ☐
C EX-Druck-Entlastung, EX-feste Bauweise. ☐
D Brandschutzkonzept, Betriebsbegehungen, Unterweisungen, Aushang der ASF. ☐

57. Was gehört zum tertiären Explosionsschutz?

A Bruchsichere Behälter, Schulung, Auswahl, Substituieren, Mess-Sensoren, Reduzieren/Minimieren. ☐
B Zutrittsverbot, besondere Kleidung, besondere elektrische Geräte und Anlagen, EX-geschützte mechanische Geräte. ☐
C Funkenerkennung, Funkenausscheidung, Funkenlöschung, EX-Druck-Entlastung, EX-feste Bauweise. ☐
D Brandschutzkonzept, Betriebsbegehungen, Unterweisungen, Aushang der ASF. ☐

58. Wo ist das Brandschutz-Baurecht angesiedelt?

A Europarecht ☐
B Deutschlandweit einheitliches Recht. ☐
C Landesrecht ☐
D Berufsgenossenschaftliches Recht. ☐

59. Wo steht, dass man konventionelle Verlängerungs-Mehrfachsteckdosen nicht dauerhaft im Betrieb einsetzen darf?

A VDE 0105 ☐
B In der jeweiligen Landesbauordnung. ☐

C Nirgends, diese in Deutschland verkauften und mit den verschiedenen Zeichen versehenen (VDI, VDE, VdS, GS, CE) Steckdosen dürfen eingesetzt werden. ☐

D ArbSchG, Anhang II ☐

60. Was wird im Brandschutz-Beauftragtengesetz konkret gefordert?

A Wöchentliche Begehung aller relevanten Teilbereiche eines Unternehmens. ☐

B Die Person des Brandschutzbeauftragten muss der für den Brandschutz zuständigen Behörde namentlich bekannt gegeben werden. ☐

C So ein Gesetz gibt es nicht. ☐

D Es wird nichts Konkretes gefordert; lediglich ein paar relevante Schutzziele werden genannt. ☐

61. Welche Forderung stammt aus dem Brandschutz-Beauftragtengesetz?

A Wöchentliche Begehungen im Unternehmen durchführen. ☐

B Dieses Gesetz muss erst noch den Bundesrat passieren. ☐

C So ein Gesetz gibt es nicht. ☐

D Mitarbeiter sind mindestens jährlich hinsichtlich des Brandschutzes zu unterweisen. ☐

62. Sie haben einen Beamer an der Decke fest montiert und einen baugleichen Beamer als mobiles Gerät im Unternehmen. Gibt es nach DGUV Vorschrift 3 einen Unterschied bei der Überprüfung der beiden Geräte?

A Nein. ☐

B Ja, der an der Decke montierte Beamer muss doppelt so oft geprüft werden. ☐

C Ja, der mobile Beamer muss doppelt so oft geprüft werden. ☐

D Ja, der an der Decke montierte Beamer muss zusätzlich zur elektrotechnischen Überprüfung einmal im Jahr vom dort befindlichen abgelagerten Staub befreit werden. ☐

63. Wofür stehen diese Abkürzungen?

A DIN =

B EN =

C TR =

D vfdb =

E LBO =

F BG =
G DGUV =

64. Was bedeuten die nachfolgenden Abkürzungen?

A TRGS =
B TRBS =
C ASR =
D TRAS =
E RAB =

65. Die DIN 41 02 (Brandverhalten von Baustoffen und Bauteilen) kennt folgende Begriffe. Was verbirgt sich dahinter?

A T 30/60/90 =
B F 30/90 =
C G 30/60/90 =
D K 30/90 =
E S 90 =
F DS =
G RS =
H E 30/90 =
I I 30/90 =

66. Die europäische Gesetzgebung unterteilt die Baustoffe und Bauteile in der DIN EN 13501 noch weiter. Hier sind folgende Abkürzungen für die folgenden Einstufungen üblich geworden. Was verbirgt sich dahinter?

A A =
B B =
C C =
D D =
E E =
F F =
G s =
– s1 =
– s2 =
– s3 =
H fl =
I d =
– d0 =
– d1 =
– d2 =

67. GK steht für Gebäudeklasse. Welche Höhen gelten für diese Gebäude?

A GK 1 =
B GK 2 =
C GK 3 =
D GK 4 =
E GK 5 =

68. Welche Erleichterung für eine Brandwand (anstelle einer Brandwand) ist in der GK 4 möglich?

____

____

69. Eine Brandwand in der GK 5 erfüllt welche Bedingungen?

____

____

70. Bei Baustoffen kann man manchmal folgende Bezeichnungen lesen (nach der DIN 4102). Was bedeuten diese?

A Zusatzangabe zur Wand A =
B Zusatzangabe zur Wand AB =
C Zusatzangabe zur Wand B =

71. Welche Gesetze, Bestimmungen und Verordnungen verbergen sich hinter folgenden Abkürzungen?

A ArbSchG =
B VVB =
C ASiG =
D ArbStättVO =
E ASR =
F BetrSichVO =
G LAR/LARL =
H LüARL =
I HHBO/HHRL =
J IndBauRL =
K GaVO/GaStellV =
L VkVO =
M VersStättVO =

N FeuVO =
O StGB =
P OWiG =

72. Die BG (= Berufsgenossenschaft) kennt folgende vier Begriffe. Wofür stehen diese Abkürzungen?

A DGUV V =
B DGUV I =
C DGUV R=
D DGUV G =

73. Welche Behörde gibt ein Bauteil frei zum Verkauf und lässt es zuvor auf verschiedene Eigenschaften hin prüfen?

A DIBt = Deutsches Institut für Bautechnik ☐
B MPA = Materialprüfanstalt ☐
C Innenministerium ☐
D Baubehörde ☐

74. Was bedeuten diese Abkürzungen?

A MPA =
B DIBt =
C ETK =
D PML =
E ASA =

75. Die DIN EN 13501 (europäische Baustoffklassifizierung) kennt folgende Buchstaben. Wofür stehen sie?

A R =
B E =
C I =
D M =
E 15, 20, 30, 60, 90, 120, 180, 240 =

76. Für die Entrauchung sind folgende Begriffe üblich. Wofür stehen sie?

A NRA (DIN 18232-2) =
B MRA (DIN 18232-5) =
C NRWG =
D MRWG (DIN 18232-7) =

77. Was bedeuten diese bzw. wofür stehen diese Abkürzungen?

A BSO =
B HFL =
C WH/WHY =
D EX =
E UEG =
F OEG =
G RTI =

78. Im Arbeits- und Brandschutz gibt es folgende Abkürzungen. Wofür stehen sie?

A ppm =
B MAK =
C AGW =
D dB(A) =

79. Wer muss Brandschutzmängel beseitigen?

A Der Brandschutzbeauftragte. ☐
B Die Brandschutzhelfer. ☐
C Der für diesen Bereich zuständige bzw. verantwortliche leitende Mitarbeiter. ☐
D Immer jede/r Mitarbeiter/in. ☐

80. Welche Institutionen oder Vorschriften könnten das Vorhandensein von Brandschutzbeauftragten fordern?

A Die Feuerversicherung für Industrieunternehmen. ☐
B Die jeweilige Landesbauordnung. ☐
C Die Muster-Industriebaurichtlinie. ☐
D Die Sonderbauverordnungen. ☐

81. Nennen Sie aus den nachfolgend aufgeführten Bestimmungen je eine konkrete Forderung hinsichtlich des Brandschutzes.

A Gefahrstoffverordnung =
B Landesbauordnung =
C Allgemeine Sicherheitsvorschriften der Feuerversicherer (ASF, VdS 2038) =
D Arbeitsschutzgesetz =

82. Welche Aufgaben hat ein Brandschutzbeauftragter z. B.? Nennen Sie mindestens drei.

____

____

83. Welche Institution regelt privatrechtliche Forderungen der Feuerversicherungen?

A VDE ☐
B VDI ☐
C VdS ☐
D VDSI ☐
E VDMA ☐

84. Räumungsübungen …

A … dürfen nur mit der Feuerwehr gemeinsam durchgeführt werden. ☐
B … müssen einmal im Jahr gemacht werden. ☐
C … sind auch in Gebäuden durchzuführen, in denen viele Fremde anwesend sind. ☐
D … erfordern eine gute Vorbereitung. ☐

85. Kreuzen Sie an, ob die Behauptung richtig oder falsch ist.

Behauptung	**Richtig**	**Falsch**
Sprinkleranlagen können Vollbrände zuverlässig löschen		
Sprühflutanlagen sind ideal für EDV-Anlagen		
In Fluchtwegen darf man nichts Störendes oder Brennbares lagern		
Anlagentechnische Gebäudebestandteile müssen geprüft werden		
Brandschutzbeauftragte tragen erheblich mehr Verantwortung als die sonstige Belegschaft		
Zum Löschen von Bränden in produzierenden Unternehmen kann man auch Halone oder Halogene verwenden		
Brennbare Flüssigkeiten verdunsten, die Dämpfe ziehen immer nach oben		

86. Welche Vorgaben muss man einhalten, wenn man sich nicht strafbar machen will?

- A Landesbauordnung. ☐
- B DIN-Normen. ☐
- C Verbindliche Auflagen und Vorgaben der Feuerversicherungen. ☐
- D Betriebssicherheitsverordnung. ☐

87. Schuldhaft handeln folgende Personen:

- A Brandstifter. ☐
- B Vorgesetzte, die keine Vorgaben machen und nichts kontrollieren. ☐
- C Personen, die erkannte Mängel im Brandschutz nicht beseitigen bzw. nicht melden. ☐
- D Vorgesetzte Personen, die Untergebene nicht auf besondere Gefahren hinweisen. ☐

88. Welche Aussage/n ist/sind richtig?

- A Der Brandschutzbeauftragte hat die Verantwortung für den Brandschutz. ☐
- B Der Brandschutzbeauftragte wird schriftlich bestellt und bekommt Rechte und Pflichten. ☐
- C Der Brandschutzbeauftragte sollte eine möglichst hohe Führungsposition im Unternehmen haben, um möglichst viel Einfluss und Macht zu haben. ☐
- D Der Brandschutzbeauftragte muss Fachwissen aufweisen oder es sich aneignen. ☐
- E Der Brandschutzbeauftragte überwacht die Einhaltung der Brandschutzmaßnahmen. ☐
- F Der Brandschutzbeauftragte soll bei Um- und Erweiterungsarbeiten im Unternehmen hinzugezogen werden. ☐

89. Welche Arten der Brandstiftung (§§ 306 ff. StGB) gibt es?

- A Das ist nicht weiter unterteilt. ☐
- B Kinderbrandstiftung, Jugendbrandstiftung und Erwachsenenbrandstiftung. ☐
- C Vorsätzliche und fahrlässige Brandstiftung. ☐
- D Geringe Fahrlässigkeit wird noch als Ordnungswidrigkeit geahndet, leichte Fahrlässigkeit dagegen kann bereits nach dem Strafgesetzbuch geahndet werden. ☐

90. Wann liegt nach der Definition des Strafgesetzbuches ein „Inbrandsetzen" eines Gebäudes oder einer Betriebsstätte gem. § 306 StGB vor?

A Wenn dadurch Menschen zu Schaden kommen. ☐
B Wenn das Objekt durch das Feuer komplett zerstört wurde. ☐
C Wenn das Objekt mit Brandbeschleuniger entzündet wurde. ☐
D Wenn ein wesentlicher Teil eines Objekts derart vom Feuer erfasst ist, dass es selbständig fortbrennen kann. ☐
E Wenn man es nicht mehr löschen kann. ☐
F Wenn die Feuerwehr zum Löschen anrücken muss. ☐

91. Kann ein Arbeitgeber von seinem Arbeitnehmer den ihm entstanden Schaden ersetzt verlangen, wenn der Arbeitnehmer bei der Arbeit leicht fahrlässig gehandelt hat?

A Ja, immer. ☐
B Der Arbeitnehmer muss grundsätzlich 10 % des Schadens ersetzen. ☐
C Er haftet nach dem Grad seines Verschuldens (Quotelung). ☐
D Der Schaden wird zwischen Arbeitgeber und Arbeitnehmer aufgeteilt. ☐
E Nein, bei leichter Fahrlässigkeit greift ein Haftungsausschluss. ☐
F Der Schaden wird zu gleichen Teilen zwischen Arbeitgeber und Arbeitnehmer aufgeteilt. ☐

92. Wer darf Brandschutztüren zulassen?

A DIN ☐
B MPA ☐
C VDE ☐
D VDI ☐
E VDSI ☐
F GS ☐
G VdS ☐
H DIBt ☐

93. Welche Vorgaben erlässt der Feuerversicherer?

A VdS-Richtlinien ☐
B BG-Bestimmungen ☐
C VDE-Auflagen ☐
D VDSI-Gesetze ☐

94. Welche Institution regelt Vorgaben primär für Elektrogeräte und Strom?

A MPA ☐
B VDE ☐
C VDI ☐
D VDSI ☐
E GS ☐
F DIBt ☐

95. Wo wird ein Explosionsschutzdokument gefordert?

A GefStoffVO ☐
B LBO ☐
C TRBV 0800 ☐
D ASiG ☐
E ArbSchG ☐
F BSB-Gesetz ☐
G EX-Schutz-Verordnung ☐

96. Muss man Prüfberichte von brandschutztechnischen Wartungen aufbewahren?

A Ist sinnvoll, muss aber nicht sein. ☐
B Nein, wozu auch? Auf jedem geprüften Gerät muss ein Aufkleber sein. ☐
C Ja, mindestens bis zur nächsten Prüfung. ☐
D Pauschal 5 Jahre. ☐

97. Die Leitungsanlagen-Richtlinie fordert eine Ausschilderung von Wand- und Deckendurchbrüchen sowie das Anbringen eines zugelassenen Schottmittels ab wie vielen Leitungen?

A 1 ☐
B > 1 ☐
C > 10 ☐
D Bohrungen ab 25 mm Ø ☐

98. Ist der Begriff „Brandschutzbeauftragter" gesetzlich geschützt?

A Ja. ☐
B Nein. ☐
C Gemäß den vfdb-Vorgaben nur für Industrieunternehmen. ☐
D Lediglich in Baden-Württemberg, Niedersachsen, Nordrhein-Westfalen und Bayern. ☐

99. Aus wie vielen Teilen besteht eine Brandschutzordnung?

A 1 ☐
B 2 ☐
C 3 ☐
D 4 ☐
E 5 ☐

100. Welche DIN regelt/regeln das Brandverhalten von Baustoffen und Bauteilen?

A DIN 4102 und/oder DIN EN 13501 ☐
B DIN 18 095 ☐
C DIN 18 096 ☐
D DIN EN 3 ☐

101. Ist die Bestellung eines Brandschutzbeauftragten immer zwingend vorgeschrieben?

A Ja. ☐
B Nein. ☐
C Bei Verwaltungsgebäuden ab 1 000 Mitarbeitern. ☐
D In der Produktion ab 600 Mitarbeitern. ☐
E Je nach Bundesland gibt es unterschiedliche Forderungen. ☐

102. Wie viele Stunden Arbeitszeit muss ein Brandschutzbeauftragter investieren?

A Je Niederlassung 6 Stunden je Woche und 100 Mitarbeiter. ☐
B Je Woche 25 % seiner Arbeitszeit. ☐
C Das ist so exakt nicht geregelt. ☐
D Die VBBD fordert 20 Stunden und Woche für je 10 000 m^2. ☐

103. Kann grundsätzlich jeder Mitarbeiter zum Brandschutzbeauftragten bestellt werden?

A Ja, wenn dieser die Qualifikationen der DGUV/Vfdb-Richtlinien erfüllt bzw. zeitnah nachholt. ☐
B Nein, nur Techniker. ☐
C Nein, ab 2015 nur noch Ingenieure. ☐
D Ja, jeder mit mindestens 5 Jahren Berufserfahrung. ☐
E Jede Person mit Abitur. ☐
F Jede Person mit Hochschulstudium. ☐
G Jede Person mit einer abgeschlossenen Berufsausbildung. ☐

104. Darf man eine Person zum Brandschutzbeauftragten ernennen, die noch keine Ausbildung in diese Richtung nachweisen kann?

A Ja, wenn die Ausbildung zeitnah nachgeholt wird bzw. das Fachwissen angeeignet wird. ☐
B Nein. ☐
C Ja, ohne Einschränkung. ☐
D Nur nach Freigabe der zuständigen Berufsgenossenschaft. ☐

105. Welche Voraussetzungen sollten erfüllt sein, wenn man sich zum Brandschutzbeauftragten ausbilden lässt?

A Abitur ☐
B Studium ☐
C Abgeschlossene Ausbildung (Lehrberuf) ☐
D Freiwilligkeit ☐
E Gehaltserhöhung ☐

106. Wie ist die rechtliche Stellung von Gesetzen wie der Landesbauordnung oder der Betriebssicherheitsverordnung?

A Unverbindlich. ☐
B Verbindlich. ☐
C Solche Vorgaben gelten nur für Unternehmen. ☐
D Diese sind den Technischen Regeln nachgeordnet. ☐

107. Wann erlischt der Bestandsschutz bei Gebäuden?

A Immer nach 10 Jahren, manchmal auch erst nach 15 Jahren. ☐
B Unregelmäßig, immer dann, wenn die jeweilige Landesbauordnung neu aufgelegt und aktualisiert wird. ☐
C Wenn erhebliche Mängel zu beklagen sind. ☐
D Bei Nutzungsänderungen. ☐
E Bei größeren, relevanten Umbaumaßnahmen. ☐

108. Wer veranlasst die Erstellung einer Brandschutzordnung für ein Unternehmen?

A Das hat die DIN-Norm bereits gemacht. ☐
B Unternehmer ☐
C Brandschutzbeauftragter ☐
D Feuerversicherung ☐
E Berufsgenossenschaft ☐

109. Wie häufig sind Gebäuderäumungsübungen durchzuführen?

A Muss nicht sein, also nie. ☐
B In regelmäßigen Abständen. ☐
C Mindestens einmal im Jahr. ☐
D Immer wenn die Feuerlöscher geprüft werden (also alle 2 Jahre). ☐

110. Wer darf Feuerlöscher prüfen?

A Bei nicht gebrochenem Siegel ist keine Prüfung nötig. ☐
B Jeder Handwerker mit Gesellenbrief. ☐
C Der Brandschutzbeauftragte. ☐
D Grundsätzlich alle Feuerwehrleute. ☐
E Sachkundiger mit Zulassung. ☐

111. Wer muss einen Brand melden?

A Jeder, der ihn sieht und dazu in der Lage ist. ☐
B Nur betroffene Personen. ☐
C Vorgesetzte Personen; d. h. Mitarbeiter müssen erst ihrem Chef melden, dass es brennt, und dieser seinem Chef oder der Feuerwehr. ☐
D Wenn keine Menschen bedroht sind, muss man Brände nicht melden. ☐

112. Welcher Teil der Brandschutzordnung richtet sich an Besucher?

A II ☐
B 2 ☐
C A ☐
D D ☐

113. Was ist richtig über die Bestellung eines Brandschutzbeauftragten?

A Dies ist eine VdS-Forderung. ☐
B Dies ist eine BG-Forderung. ☐
C Dies ist eine Forderung der Gewerbeaufsicht. ☐
D Dies ist eine Forderung der Brandschutzbeauftragten-Richtlinie. ☐
E Dies hat schriftlich zu erfolgen mit einer Aufgabenbeschreibung (Rechte und Pflichten). ☐

114. Wer darf einen Feuerlöscher im Unternehmen mit 20 kg Gesamtgewicht bedienen?

A Ausschließlich Personen ab 18 Jahren. ☐
B Alle Personen im Unternehmen. ☐
C Nur der Brandschutzbeauftragte, die Brandschutzhelfer sowie die Ersthelfer und die Fachkraft für Arbeitsschutz. ☐
D Nur Mitglieder der zuständigen Feuerwehr nach deren Eintreffen. ☐

115. Darf es Handfeuerlöscher mit mehr als 20 kg Tragegewicht geben?

A Ja. ☐
B Nein. ☐
C Lediglich in Produktionsbereichen. ☐
D Ja, bis 25 kg. ☐

116. Wie weit dürfen Handfeuerlöscher maximal von Arbeitsplätzen entfernt sein?

A Horizontal maximal 25 m. ☐
B Luftlinie maximal 25 m. ☐
C Vertikal maximal 20 m. ☐
D Lauflänge maximal 20 m. ☐

117. Darf man mehr als eine Steckdosenverlängerung zwischen Steckdose und Elektrogerät schalten?

A Ja, wenn 2.300 Watt Energiemenge nicht überschritten wird. ☐
B Ja, wenn 3.680 Watt Energiemenge nicht überschritten wird. ☐
C Nein, das ist lt. DIN VDE 0620-1 und VdS 2046 nicht zulässig. ☐
D Nur für den kurzfristigen Einsatz. ☐

118. Welche Vorschrift/en legt/legen die Pflicht zu Gefährdungsbeurteilungen fest?

A Arbeitssicherheitsgesetz ☐
B Arbeitsschutzgesetz ☐
C Landesbauordnung ☐
D Betriebssicherheitsverordnung ☐

119. Der Arbeitgeber ist für die Gefährdungsminimierung am Arbeitsplatz verantwortlich.

A Das stimmt nicht. ☐

B Er muss die Ergebnisse schriftlich dokumentieren und Schadenminderungsmaßnahmen herleiten. ☐

C Es sind alle Arbeitsplätze zu berücksichtigen. ☐

D Es sind alle relevanten Gefahren und Gefährdungen für Personen zu berücksichtigen. ☐

120. Bewerten Sie die folgenden Situationen und kreuzen Sie dementsprechend an.

Situation	**Korrekt**	**Duldbar**	**Zeitnah abstellen**	**Grober Verstoß**
Wohnungseingangstür nachts abgesperrt				
Büroeingangstür tagsüber abgesperrt				
Die Überprüfung der Handfeuerlöscher war vor 25 Monaten				
Feuerwehrzufahrt wegen Baugerüst unpassierbar				
Offene Pinnwand in notwendigem Flur				
Die letzte Mitarbeiterunterweisung ist 10 Monate her				
Es gibt keinen zweiten Fluchtweg am Arbeitsplatz				
Baugenehmigung fordert Sprinklerung, diese ist nicht eingebaut				
Ein Fluchtfenster muss lt. den aktuellen Landesbauordnungen z.B. 90 zu 120 cm betragen, bei einem bestehenden Gebäude sind es ggf. 60 cm zu 90 cm				
Teppichboden in notwendigem Flur				
Gabelstapler-Ladestation im Lager, 2,5 m frei gehalten				
Die letzte Räumungsübung ist 15 Monate her				
Gesprinklerte Garage für 80 Autos enthält 82 Autos				
Propangasflaschen sind im Keller gelagert				
Neue Mitarbeiter mit Berufserfahrung sind nicht unterwiesen				
Die Wartung der Brandschutztür ist 2 Wochen überfällig				
Im Dachstuhl schweißt der Hausmeister ohne Erlaubnisschein				

Situation	Korrekt	Duldbar	Zeitnah abstellen	Grober Verstoß
50 volle Getränkekisten stehen im Treppenraum am Rand				
Eine geprüfte Kaffeemaschine steht auf dem Schreibtisch				
Die Kantinenküche wird mit 5 Wasserlöschern ausgestattet				
Im 2,5 m breiten Flur steht ein Kopierer				
Müll wird in der Tiefgarage gelagert				
Eine Rauchschutztür ist tagsüber aufgekeilt				
Eine Brandschutztür ist tagsüber aufgekeilt				
Im Büro gibt es keine Feuerlöscher				
Vom Treppenraum führt eine offene Verbindung ins Kellergeschoss				
Im breiten Treppenraum stehen Pflanzen am Boden				
Im Treppenraum hängen Bilder an der Wand				
In der Kantine findet im 6. OG die Weihnachtsfeier mit ca. 220 Personen statt, es gibt nur einen Treppenraum				
Treppenraumfenster sind nicht öffenbar				
Ein Mitarbeiter nimmt einen Feuerlöscher mit				
Die BMA wird nur alle 3 Monate inspiziert				
Im Flur-Eck stehen Polstermöbel				
A2-Baustoffe werden durch B1-Baustoffe ersetzt				
Im Müllraum sind 400 l Benzin und 2 000 l Diesel gelagert				
Feuerlöscher hängen hinter Vorhängen in 2 m Höhe				
Es liegen 5 kg Kunststoffabfall im Treppenraum				
Der neue Teppichbodenbelag ist normalentflammbar				
Der neue Teppichbodenbelag ist leichtentflammbar				
In der EDV werden zusätzlich vier ABC-Löscher aufgehängt				
Die Wandhydranten werden nicht gewartet				
Müll wird vom Reinigungspersonal vor Arbeitsbeginn entfernt				
Im Flureck steht ein Stuhl aus Stahl				
Im gesprinklerten Lager werden keine Bierkisten mehr gelagert, sondern Polstermöbel, ohne Veränderung der Anlage				
Am Feuerlöscher fehlt die Plombe				
Für das Büro stehen 250 l Löschwasser je Minute zur Verfügung				

121. Welche Gesetze/Rechtsordnung(en) gibt es nicht?

A Tankstellen-Bauverordnung (Landesrecht) ☐
B Landes-Musterbau-Verordnung ☐
C Baugesetzbuch ☐
D Campingplatz-Verordnung (Landesrecht) ☐

122. Wer ist juristisch für die Einführung und Durchsetzung der verschiedenen Brandschutzmaßnahmen in einem Unternehmen verantwortlich?

A Der Unternehmer sowie die von ihm beauftragten Personen. ☐
B Jeder, der sich auf dem Firmengelände befindet. ☐
C Die Belegschaft. ☐
D Die Gewerbeaufsicht. ☐
E Die Brandschutzbehörde. ☐
F Der Kreisbrandrat, Kreisbrandinspektor oder auch Kreisbrandmeister genannt. ☐

2. Brandlehre

123. Was versteht man unter „Normalbedingungen"? Notieren Sie mindestens drei unterschiedliche physikalische Begriffe und versehen Sie diese mit dem entsprechendem Wert und der zugehörigen Einheit.

____

____

124. Was passiert, wenn sich die physikalischen Parameter der Normalbedingungen verändern? Wie können sich schwer, normal und leicht entzündliche Gegenstände dann verhalten?

____

____

125. Welche Faktoren müssen mindestens zusammentreffen, damit es brennt?

A Eine ausreichend starke Zündquelle, Sauerstoff, brennbarer Stoff. ☐
B Sauerstoff, brennbare Flüssigkeitsdämpfe und Brennstoff. ☐
C Unterdruck, eine ausreichende Zündquelle, aufgewirbelte Stäube. ☐
D Elektrostatische Aufladung, Papier und Luftsauerstoff. ☐

126. Wie viel Sauerstoff ist in der normalen Luft enthalten?

A Ca. 15 Vol.-% ☐
B Ca. 21 Vol.-% ☐
C Exakt 50 Vol.-% ☐
D 100 %, denn Luft = Sauerstoff ☐

127. Was muss zeit- und ortsgleich zusammentreffen, um einen Brand entstehen zu lassen?

A Leicht entflammbare Gegenstände, Luftsauerstoff und eine ausreichende Zündquelle. ☐
B Normal entflammbare Gegenstände, Luftsauerstoff und eine ausreichende Zündquelle. ☐

C Schwer entflammbare Gegenstände, Luftsauerstoff und eine ausreichende Zündquelle. ☐

D Schwer entflammbare Gegenstände, Luftsauerstoff und die Zündenergie einer Wachskerze über mindestens 20 Sekunden. ☐

128. Was ist der Flammpunkt einer Flüssigkeit?

A Die Temperatur, bei der sich eine Flüssigkeit aufgrund der Eigentemperatur selbst entzündet. ☐

B Die Temperatur, bei der sich unter 100 % Sauerstoffumgebung ein explosionsfähiges Gemisch bildet. ☐

C Die Temperatur, bei der sich die Dämpfe einer brennbaren Flüssigkeit bleibend entzünden. ☐

D Die Flüssigkeitstemperatur, bei der sich durch Annäherung einer wirksamen Zündquelle erstmals kurzzeitig die gebildeten Dämpfe oberhalb der Flüssigkeit entzünden lassen. ☐

129. Was ist der Brennpunkt einer Flüssigkeit?

A Die Temperatur, bei der eine Flüssigkeit brennende Schmerzen auf der nackten Haut der Hände verursacht. ☐

B Die Temperatur einer brennbaren Flüssigkeit, bei der sich erstmals so viele Dämpfe bilden, dass sie sich nach Annäherung einer ausreichenden Zündquelle entflammen lassen und die Flamme „am Leben" bleibt (d. h. es werden exakt so viele Dämpfe erzeugt, wie verbrennen). ☐

C Die Temperatur einer Flüssigkeit, bei der es in der Speiseröhre beim versehentlichen Verschlucken der Flüssigkeit zu hochgefährlichen Verätzungen kommt. ☐

D Die Temperatur einer brennbaren Flüssigkeit, bei der sich erstmals so viele Dämpfe bilden, dass sie sich nach Annäherung einer ausreichenden Zündquelle entflammen lassen, die Flamme erlischt jedoch wieder (d. h. es werden zu wenig Dämpfe erzeugt). ☐

130. Was bedeutet UEG in der Sicherheitstechnik?

A Untere Explosionsgrenze. ☐

B Brandschutztechnische Unterweisung der Mitarbeiter/-innen nach EG-Recht. ☐

C Mindesttemperatur in °C, bei der sich Stäube oder Aerosole selber entzünden können. ☐
D Unerlaubte elektrotechnische Gerätschaft. ☐

131. Was bedeutet OEG in der Sicherheitstechnik?

A Ohne elektrotechnische Gerätschaft. ☐
B Obere Explosionsgrenze. ☐
C Ordnungswidrigkeitengesetz. ☐
D Vierteilige Klassifizierungen für nicht brennbare, aber wasser- und umweltschädigende Flüssigkeiten (I–IV). ☐

132. Welche Einheiten haben UEG und OEG in der Sicherheitstechnik?

A g/m^3 bzw. % ☐
B °C ☐
C Pascal ☐
D Relative Luftfeuchte im Quadrat, multipliziert mit der Mindestzündenergie in °C. ☐

133. In einem Büroraum werden 100 Aktenordner in brennbaren Regalen bereitgehalten. Welche der nachfolgenden Antwort(en) ist/sind richtig?

A Der Raum ist gemäß der jeweiligen LBO als „erhöhte Brandgefahr“ einzustufen, d. h. dass die Zugangstür mindestens feuerhemmend ausgelegt, die Wände feuerbeständig und der zweite Fluchtweg baulich gegeben sein muss. ☐
B Das bringt keine Veränderung mit sich, d. h. dieser Raum wird als „normaler“ Büroraum angesehen. ☐
C Es ist nicht erlaubt, Brandlasten in Arbeitsräumen zu horten, diese müssen in dafür vorgesehenen, nicht brennbaren Schränken untergebracht werden. ☐
D Diese Aktenordner sind in eigenen Lagerräumen unterzubringen. ☐

134. PCs laufen im Unternehmen nachts durch. Was gilt?

A Das ist ein Verstoß gegen die ASF (VdS 2038) und muss abgestellt werden. ☐
B Das ist unter den Aspekten Umweltschutz und Energieeinsparung bedenklich, aber üblich und zulässig. ☐

C Von PCs geht keine Brandgefahr aus, wenn sie Flachbildschirme und keine Röhrenbildschirme haben. ☐
D Im Brandfall eines PCs kann der Versicherer seine Schadenzahlung minimieren oder gar verweigern. ☐

135. Was kann brennbare Gase oder Dämpfe entzünden, aber keine schwerentflammbaren Gegenstände? Nennen Sie mindestens drei Zündquellen.

____

____

136. Nennen Sie mindestens drei Zündquellen, die schwerentflammbare Gegenstände entzünden können.

____

____

137. Brennbare Dämpfe entstehen aus brennbaren Flüssigkeiten; diese Dämpfe sind:

A Leichter als Luft. ☐
B Je nachdem, ob es ein Gas ist, können sie auch schwerer als Luft sein. ☐
C Unterhalb der UEG und oberhalb der OEG hoch entzündlich. ☐
D Oberhalb der UEG und unterhalb der OEG entzündlich. ☐
E Schwerer als Luft. ☐
F Brandunterstützend. ☐

138. Wie ist Wasserstoff einzustufen?

A Brennbar. ☐
B Nicht brennbar. ☐
C Brandfördernd. ☐
D Leichter als Luft. ☐
E Schwerer als Luft. ☐

139. Wie ist Methangas einzustufen?

A Brennbar. ☐
B Nicht brennbar. ☐

C Brandfördernd. ☐
D Leichter als Luft. ☐
E Schwerer als Luft. ☐

140. Wie ist Sauerstoff einzustufen?

A Brennbar. ☐
B Nicht brennbar. ☐
C Brandfördernd. ☐
D Leichter als Luft. ☐

141. Wie ist Butan einzustufen?

A Brennbar. ☐
B Nicht brennbar. ☐
C Brandfördernd. ☐
D Leichter als Luft. ☐
E Schwerer als Luft. ☐

142. Wie sind Benzindämpfe einzustufen?

A Brennbar. ☐
B Nicht brennbar. ☐
C Brandfördernd. ☐
D Leichter als Luft. ☐
E Schwerer als Luft. ☐

143. Wie sind die Dämpfe von Alkohol wie z. B. Spiritus einzustufen?

A Brennbar. ☐
B Nicht brennbar. ☐
C Brandfördernd. ☐
D Leichter als Luft. ☐
E Schwerer als Luft. ☐
F Spiritus ist kein Alkohol und wird als schwerentflammbar eingestuft. ☐

144. Wie lässt sich der Brandschutz gliedern?

A Primärer Brandschutz. ☐
B Sekundärer Bandschutz. ☐
C Tertiärer Brandschutz. ☐
D Vorbeugender und abwehrender Brandschutz. ☐

145. Wie ist Kohlenmonoxid einzustufen?

A Brennbar. ☐
B Nicht brennbar. ☐
C Brandfördernd. ☐
D Deutlich leichter als Luft. ☐
E Erheblich schwerer als Luft. ☐
F In etwa so schwer wie Luft. ☐

146. Wie lässt sich der Brandschutz gliedern?

A Vorbeugend und abwehrend oder baulich, anlagentechnisch und organisatorisch. ☐
B Primärer, sekundärer und tertiärer Brandschutz. ☐
C Gesetzliche, berufsgenossenschaftliche und privatrechtliche Brandschutz-Forderungen. ☐
D Baulicher Brandschutz und Gesetzlicher Brandschutz. ☐

147. Ein Feuer …

A … ist eine schnell ablaufende Oxidation unter Licht- und Wärmeerscheinung. ☐
B … ist die Reaktion von brennbaren Stoffen, Zündenergie und dem Kohlendioxid in der Luft. ☐
C … nennt man Nutzfeuer, wenn das Feuer gewünscht ist, und Schadenfeuer, wenn das Feuer schädlich bzw. unerwünscht ist oder den ordnungsgemäßen Herd verlassen hat. ☐
D … ist das Zusammentreffen von A1-Baustoffen, Zündenergie und Kohlenmonoxid. ☐

148. Welche Löschmittel sind zur Bekämpfung von A-Bränden ungeeignet?

A Wasser ☐
B Kohlendioxid ☐
C Glutbrandpulver ☐
D ABF-Fettbrandlöscher ☐
E D-Metallbrandpulver ☐

149. Was sind Baustoffklassen?

A Baustoffklassen nennt man die 5-teilige Einstufung von Gebäuden, BG 1–BG 5. ☐
B Diese Klassifizierung sagt aus, wie zügig Gegenstände abbrennen. ☐

C Brennbare Baustoffe und Bauteile werden in brennbar und nicht brennbar eingeteilt, hier gibt es dann weitere Unterteilungen. ☐

D Baustoffklassen sind architektonische Einstufungen für das Bauantragsverfahren. ☐

150. Was kann sich selbst entzünden?

A Feuchtes Heu. ☐

B Ölgetränkte Lappen. ☐

C Mit Massageöl getränkte Handtücher. ☐

D Bestimmte Chemikalien untereinander, mit Sauerstoff oder an Brandlasten. ☐

151. Wo können brandschutztechnisch relevante, gefährliche Stoffe entstehen?

A In jedem normalen Büro entstehen Gefahrstoffe. ☐

B Bei der Holzbearbeitung. ☐

C In Kunststoff be- und verarbeitenden Unternehmen. ☐

D In Laboratorien. ☐

152. Das tödlich Gefährliche am Rauch eines Schadenfeuers für Menschen ist primär ...

A ... die dabei entstehenden Gifte wie Dioxine und Furane. ☐

B ... die Hitze. ☐

C ... das Kohlenstoffdioxid. ☐

D ... das Kohlenstoffmonoxid. ☐

153. Wann entsteht kein Feuer?

A Wenn keine Brandlasten vorhanden sind. ☐

B Wenn die Sauerstoffkonzentration unter 18 Vol.-% liegt. ☐

C Wenn keine ausreichende Zündquelle vorhanden ist. ☐

D Wenn die Sauerstoffkonzentration unter 15 Vol.-% liegt. ☐

154. Wann erlischt ein Feuer?

A Wenn alle brennbaren Stoffe verbrannt sind. ☐

B Wenn das Feuer gekühlt wird oder der Sauerstoff (z. B. mittels CO_2-Löscher) verdrängt wird. ☐

C Wenn die Brandmeldeanlage ausgelöst wird. ☐

D Kurz nachdem die Brandlöschanlage aktiviert wurde. ☐

155. Welche der folgenden Möglichkeiten löscht?

A Abkühlen, Sauerstoffentzug, Brennstoff entfernen. ☐
B Mittels Kompressor möglichst viel Sauerstoff in den Raum einbringen. ☐
C Abdecken, kühlen. ☐
D Grundsätzlich ist jeder Feuerlöscher geeignet, jede Art von Vollbrand zu löschen. ☐

156. Kohlenmonoxid (CO) entsteht primär ...

A ... im Katalysator, wo das CO_2 zu CO nachverbrannt wird. ☐
B ... bei jedem Schadenfeuer, weil meist zu wenig Sauerstoff vorhanden ist. ☐
C ... bei brennbaren Gasen oder Dämpfen. ☐
D ... durch viel Sauerstoff, was den Löscheffekt fördert. ☐

157. Stoffe der Brandklasse A brennen ...

A ... ohne sichtbare Feuererscheinung (ohne Flammen). ☐
B ... mit Glut und Flamme. ☐
C ... nur unter erhöhtem Sauerstoffanteil. ☐
D ... nur Glut bildend. ☐
E ... nur mit Flammenbildung. ☐

158. Wann vergrößert sich die Gefahr für Menschen im Brandfall?

A Je mehr Stoffe brennen. ☐
B Je niedriger die Räumlichkeiten sind, in denen es brennt. ☐
C Wenn frühzeitig die Entrauchung aktiviert wurde. ☐
D Wenn besonders viele leicht entflammbare Gegenstände brennen. ☐

159. Welche Aussage(n) ist/sind falsch?

A Die Lungen von Rauchern sind im Brandfall weniger gefährdet als die von Nichtrauchern. ☐
B Je schneller die vorhandenen brennbaren Gegenstände abgebrannt sind, desto weniger schädlich ist es für die dadurch gefährdeten Personen. ☐

C Wenn es in einem Raum brennt, dann entflammen sich schwerentflammbare Gegenstände an der Decke meist vor leichtentflammbaren Gegenständen am Boden (d. h. die vertikale Lage von Brandlasten ist relevant), weil es einen extremen Temperaturanstieg von unten nach oben gibt. ☐
D Männer reagieren im Brandfall grundsätzlich besser als Frauen. ☐

160. Wenn Benzin mit Diesel im gleichen Verhältnis 1:1 gemischt wird, wie ist dieser Stoff dann einzustufen?

A Exakt so gefährlich wie Benzin allein. ☐
B Noch gefährlicher als Benzin allein. ☐
C So gefährlich wie Diesel. ☐
D Die Gefährdung liegt exakt in der Mitte der beiden Gefährdungen. ☐

161. Können Leiterplatinen und Stromleitungen aufgrund von 230 Volt brennen?

A Nein. ☐
B Ja. ☐
C Nur gering, harmlos. ☐
D Brennen nicht, dafür reicht die Zündenergie nicht aus, aber schmoren und rauchen (der Rauch kann tödlich sein). ☐

162. Welche Flüssigkeit ist unter hohem Druck (Kompression) besonders gefährlich?

A Benzin ☐
B Spiritus ☐
C Diesel ☐
D Brennbare Flüssigkeiten sind bei Unterdruck, nicht bei Überdruck gefährlich. ☐

163. Kann Benzin bei –5 °C Kälte brennen?

A Ja, praktisch genauso wie bei +15 °C. ☐
B Nein. ☐
C Ja, wenn die Zündenergie sehr hoch ist, wird das Benzin langsam zu brennen beginnen. ☐
D Nein, Wasser gefriert bei 0 °C, Benzin gefriert bei –10 °C, deshalb brennt das Benzin jetzt nicht mehr. ☐

164. Welche Brandlasten sind am leichtesten zu entzünden?

A Büromöbel ☐
B Verpacktes Kopierpapier ☐
C Teppichboden ☐
D Handtücher ☐

165. Kann eine 12-Volt-Niedervoltlampe einen Band auslösen?

A Nein, die Gefahr beginnt erst bei 230 Volt. ☐
B Ja, sogar leichter als eine konventionelle Glühlampe mit 230 Volt. ☐
C Der Glühdraht wird so heiß, dass er sogar das Glas zum Schmelzen bringen kann. ☐
D Auch der Transformator, der von 230 Volt Wechselstrom auf 12 Volt Gleichstrom transformiert, kann einen Brand auslösen. ☐

166. Welches Zusammentreffen ist besonders gefährlich?

A Benzin, Druckluft und Elektrostatik. ☐
B Spiritus im Reinigungswasser für Fensterglasscheiben. ☐
C Öltropfen auf der Arbeitskleidung. ☐
D Ein Heizöltank mit 100 000 l Schweröl in nur 15 m Abstand zum Gebäude, in dem geschweißt wird. ☐

167. Worin liegt die besondere Gefahr bei brennenden Metallen?

A Die sehr hohe Verbrennungstemperatur, weil die Löschmittel Wasser, Schaum, Kohlendioxid und ABC-Löschpulver explodieren, wenn man sie einsetzt. ☐
B Der hohe Sachschaden durch das extreme Feuer. ☐
C Das ist nicht gefährlicher, als wenn Holzmöbel oder Büroakten brennen. ☐
D Die dabei entstehenden Furane und Dioxine sind extrem schnell tödlich. ☐

168. Was ist richtig?

A 16 Ampere × 230 Volt = 3 680 Watt ☐
B $(230\ \text{Volt})^2$: 16 Ampere = 3 306,25 Watt ☐
C 500 Lux × 16 Ampere = 8 kJ ☐
D 760 °C × 1 000 hPa = 7,6 kcal ☐
E Die Lösungen A – D sind alle falsch. ☐

169. Was vergrößert bereits ausgebrochene Brände häufig?

A Fahrlässiges Verhalten. ☐
B Vorsätzliches Verhalten. ☐
C Technisches Versagen von verfahrenstechnischen Gerätschaften. ☐
D Strom. ☐
E Offene Brandschutztüren (aufgekeilt, festgebunden). ☐

170. Was wird im Brandschutz als sog. Flash bezeichnet?

A Ein sich schnell und plötzlich ausbreitender Raumbrand auf alle Gegenstände in dem Raum. ☐
B Eine Flamme. ☐
C Ein Blitzeinschlag. ☐
D Eine neue Feuerlöschmethode: Wasser wird explosionsartig zerstäubt und eingebracht, damit das Feuer ebenso schnell gelöscht wird. ☐
E Brennende Pyrolysegase an der Decke eines Raums. ☐
F Feuerübergang eines Großbrands auf weitere Brandabschnitte/Brandkomplexe. ☐

171. Was ist ein sog. Flashover?

A Ein sich schnell und plötzlich ausbreitender Raumbrand auf alle Gegenstände in dem Raum. ☐
B Eine Flamme. ☐
C Ein Blitzeinschlag. ☐
D Eine neue Feuerlöschmethode: Wasser wird explosionsartig zerstäubt und eingebracht, damit das Feuer ebenso schnell gelöscht wird. ☐
E Brennende Pyrolysegase an der Decke eines Raums. ☐
F Feuerübergang eines Großbrands auf weitere Brandabschnitte/Brandkomplexe. ☐

172. Wie heiß kann ein Zimmerbrand üblicherweise werden?

A Ca. 500–700 °C, gleichmäßig verteilt über alle Bereiche des Raums. ☐
B Ca. 1 500 °C, an der Decke etwas mehr, am Boden etwas weniger. ☐

C 500–1 000 °C, je nachdem, wie viel und was brennt (am Boden noch erträglich, während es in Gesichtshöhe wesentlich wärmer und an der Decke extrem heiß wird). ☐

D Ca. 120 °C heiß wird die Luft oberhalb des Brandherds, im Extremfall auch 200 °C. ☐

173. Wenn es in einem Raum brennt – gibt es dort irgendwo einen Temperaturunterschied?

A Nein, das weicht kaum ab, es ist überall in etwa gleich heiß, nur an der Brandstelle ist es noch heißer. ☐

B Ja, die Hitze ist unten im Raum etwas höher als mittig und oben. ☐

C Ja, die Hitze ist oben im Raum etwas höher als unten. ☐

D Ja, die Temperatur ist unten wesentlich geringer als in der Mitte des Raums und ganz oben ist sie noch höher. ☐

174. Wie wird feinster Holzstaub eingestuft?

A Explosionsfähig. ☐

B Leicht entflammbar. ☐

C Normal entflammbar. ☐

D Schwer entflammbar. ☐

175. Kann Papierstaub brennen?

A Ja. ☐

B Nein. ☐

C Er kann im aufgewirbelten Zustand sogar explodieren, wenn er mit einer ausreichenden Zündenergie zusammentrifft. ☐

D Nein, die dafür nötige Zündenergie wird praktisch nie erreicht. ☐

176. Welche/r Staub/Stäube kann/können nicht explodieren?

A Zementstaub ☐

B D-Löschpulver ☐

C Hausstaub ☐

D Mehl (Küchenmehl) ☐

E Holzstaub ☐

F Kunststoff-Stäube ☐

G Papierstaub ☐

H Trockener, gesinterter Sand ☐

177. Wie viel Staub ist nötig, um eine Explosion auszulösen?

A Stäube können nicht explodieren, nur Dämpfe oder Gase. ☐
B Ca. 10 kg je m^3, da beginnen alle explosiven Stäube, gefährlich zu werden. ☐
C Ca. 30–200 g je m^3, in diesem Bereich sind praktisch alle explosiven Stäube gefährlich. ☐
D Es gibt Stäube, die sind schon bei 1 g je m^3 hoch explosionsgefährlich, andere erst bei ca. 10 g/m^3. ☐

178. Mehl ist grundsätzlich unbrennbar. Wenn es jedoch aufgewirbelt und gezündet wird, kann es sogar explodieren.

A Das ist falsch. ☐
B Das ist richtig. ☐
C Das kommt darauf an, ob die Luftfeuchte oberhalb oder unterhalb von 45 % liegt. ☐
D Weder ja noch nein: Bei Raumtemperatur ist das nicht möglich, ab ca. 35 °C jedoch schon. ☐

179. Wie heiß können Metalle brennen?

A Ca. 500 °C ☐
B Ca. 750 °C ☐
C Ca. 1 500 °C ☐
D > 2 000 °C ☐
E Metalle können nie brennen, höchstens glühen. ☐

180. Wie heiß können brennbare Gase brennen?

A Ca. 700 °C ☐
B Ca. 1 500 °C ☐
C Ca. 3 000 °C ☐
D > 4 000 °C ☐
E Gase sind nie brennbar, höchstens deren Dämpfe. ☐

181. Thermoplastische Kunststoffe sind bei Raumtemperatur fest, werden bei Erwärmung weich, flüssig und brennen dann …

A … mit sichtbarer Flammenbildung. ☐
B … ohne Flamme, nur mit Glut. ☐
C … mit nicht sichtbarer Flamme. ☐
D … so heiß, dass man sich die Augen verblitzen kann. ☐

182. Welche Behauptung ist richtig?

A Holz geht beim Verbrennungsvorgang vom festen direkt in den gasförmigen Zustand über bei sichtbarer Flammenbildung. ☐

B Thermoplastische Kunststoffe gehen beim Verbrennungsvorgang meist vom festen über den flüssigen in den gasförmigen Zustand über bei sichtbarer Flammenbildung. ☐

C Brennbare Gase gehen beim Verbrennungsvorgang vom festen über den flüssigen in den gasförmigen Zustand über. ☐

D Duroplastische Kunststoffe gehen beim Verbrennungsvorgang meist vom festen direkt in den gasförmigen Zustand über bei sichtbarer Flammenbildung. ☐

183. Wie verhalten sich schwer entflammbare Gegenstände bei ca. 150 °C, 50 % Sauerstoffkonzentration, 2 000 hPa, 1 000 W/m² Wärmestrahlung und 20 m/s Windgeschwindigkeit?

A Sie werden nicht brennbar. ☐

B Die nötige Zündenergie ist nun wesentlich geringer als in einem „normalen“ Raum. ☐

C Sie werden normal oder leicht entflammbar und nach Zündung extrem schnell und heiß abbrennen. ☐

D Sie werden unter diesen Bedingungen aus sich heraus bereits explosionsfähig. ☐

E Sie verändern sich nicht, d. h. sie bleiben schwer entflammbar. ☐

184. Was sind physikalisch „Normalbedingungen“?

A ≥ 600 Lux, ≤ 85 dB(A), ca. 21 °C und ca. 1 000 hPa. ☐

B Die in einem normalen Arbeitsraum übliche Windgeschwindigkeit, Luftfeuchte, Sauerstoffkonzentration, Luftdruck, Lufttemperatur und Wärmestrahlung. ☐

C 230 Volt, Isolierverglasung, individuell zu steuernde Raumbeheizung im Winter (und im Sommer: Kühlung). sowie eine Elektrosmogbelastung von ≤ 1 000 mF. ☐

D Blutdruck (systolisch/diastolisch) von ca. 80/120; Ruhepuls im Sitzen von ≤ 65/min; ≤ 36,8 °C Körperkerntemperatur. ☐

185. Was ist unter Normalbedingungen explosionsfähig?

A Holzwürfel mit einer Kantenlänge von a = 10 cm ☐
B Holzwürfel mit einer Kantenlänge von a = 0,5 cm ☐
C Feiner Holzstaub ☐
D Holzwolle ☐
E Steinwolle ☐
F Glaswolle ☐
G Dünnes Holzbrett mit ca. 3 mm Ø ☐

186. Was ist unter Normalbedingungen schwer entflammbar?

A Holzwürfel mit einer Kantenlänge von a = 10 cm ☐
B Holzwürfel mit einer Kantenlänge von a = 0,5 cm ☐
C Feiner Holzstaub ☐
D Holzwolle ☐
E Steinwolle ☐
F Glaswolle ☐
G Dünnes Holzbrett mit ca. 2 mm Ø ☐

187. Was ist unter Normalbedingungen leicht entflammbar?

A Holzwürfel mit einer Kantenlänge von a = 5 cm ☐
B Holzwolle ☐
C Steinwolle ☐
D Glaswolle ☐
E Holzbrett mit ca. 2 mm Ø ☐

188. Die Sauerstoffkonzentration beträgt 85 %, die sonstigen Raumbedingungen bleiben gleich. Wie verändert sich die Brandgefahr?

A Die Brandgefahr verändert sich nicht. ☐
B Die Brandgefahr verändert sich kaum, d. h. sie wird nur etwas erhöht. ☐
C Brennbare Gegenstände benötigen weniger Zündenergie, um entzündet zu werden. ☐
D Entzündete Gegenstände werden sehr schnell abbrennen und dabei wesentlich heißer brennen. ☐
E Gegenstände brennen zwar schneller, aber nicht heißer und die nötige Zündenergie verändert sich auch nicht. ☐

189. In einem Reaktor herrschen folgende Konditionen: Die Temperatur steigt von 20 °C auf 80 °C, die Luftfeuchte nimmt von 50 % auf 15 % ab, der Luftdruck verdreifacht sich. Was verändert sich?

A Es verändert sich nichts. ☐
B Die Brandgefahr ist jetzt extrem hoch. ☐
C Die Brandgefahr ist eher harmloser. ☐
D Die Brandgefahr ist jetzt leicht erhöht. ☐

190. Wie kann man die Brandgefahr in einem Reaktorkessel reduzieren, wo feiner Staub bei hohem Druck und hoher Temperatur zündgefährlich ist?

A Die Sauerstoffkonzentration sollte möglichst auf 100 % gefahren werden (redundantes System wäre sinnvoll). ☐
B Inertisieren, z. B. mit Stickstoff (N_2). ☐
C Inertisieren, z. B. mit Kohlenmonoxid (CO). ☐
D Der Behälter kann druckfest bzw. explosionsdruckfest ausgelegt werden, damit wird die Wahrscheinlichkeit eines Brands oder einer Explosion innen auf 0 % reduziert. ☐

191. Was kann man mit Elektrostatik entzünden?

A Haare beim Ausziehen eines dicken Winterpullis ☐
B Dämpfe ☐
C Dünnes Papier ☐
D Nichts ☐

192. Was gilt für Glut?

A Sie braucht Sauerstoff, um „am Leben" zu bleiben. ☐
B Wird sie konserviert, braucht sie keinen Sauerstoff, um über Stunden, ggf. auch Tage „am Leben" zu bleiben. ☐
C Sie ist brandschutztechnisch harmlos. ☐
D Sie kann über 500 °C heiß sein. ☐
E Sie wird bis zu 200 °C heiß. ☐

193. Was kann eine Schweißperle (negativ gesehen) „erreichen"?

A Sie kann zwar einen Teppichboden beschädigen, aber ihn nicht entzünden. ☐
B Sie kann einen Brand auslösen. ☐
C Sie kann eine Explosion auslösen. ☐
D Weder noch, sie kann keinen Schaden anrichten. ☐

194. Was kann eine Schweißperle entzünden?

A Stäube ☐
B Brennbare Gase ☐
C Brennbare Flüssigkeitsdämpfe ☐
D Stoffe, die nach B1 oder B2 eingestuft sind. ☐
E Nichts, nur einen Sachschaden anrichten („Brandloch"). ☐

195. Gibt es mechanische, wenig Funken erzeugende Werkzeuge?

A Nein, wozu denn? Einzelne Funken können keinen Schaden anrichten. ☐
B Nein, aber elektrobetriebene Werkzeuge. ☐
C Ja, für EX-gefährliche Bereiche. ☐
D Ja, grundsätzlich immer für alle Handwerker. ☐

196. Gibt es EX-geschützte Elektrogeräte?

A Ja. ☐
B Nein. ☐
C Nur batteriebetriebene Elektrowerkzeuge, nicht netzstrombetriebene. ☐
D Ja, in einem Unternehmen müssen grundsätzlich immer alle Elektrogeräte so ausgelegt sein, um einer Explosion immer sicher vorzubeugen. ☐

197. 50 Teelichter werden im Kreis eng aneinander gestellt. Es entsteht eine einzige große, breite und hohe Flamme. Stimmt das?

A Nein, das ist nicht korrekt. ☐
B Das ist nur unwesentlich gefährlicher als drei oder fünf Teelichter. ☐
C Ja, das kann passieren und wird extrem gefährlich. ☐
D Wenn man einen seitlichen Radius von mindestens 25 cm und mindestens 60 cm nach oben zu brennbaren Stoffen einhält, besteht diese Gefahr nicht. ☐

198. Können alte Batterien (AA, AAA und 9-Volt-Block) einen Brand auslösen?

A Nur Stahlwolle kann damit entzündet werden. ☐
B Ja. ☐
C Nein. ☐
D Nur theoretisch, aber dann sind schon mindestens 50–100 Batterien nötig. ☐

199. Wie wirken sich CO und CO_2 auf Menschen aus?

A Bei Einwirkung von CO_2 kommt es zu einer lebensgefährlichen Hypoventilation und sehr schneller Atmung. ☐
B Stimulierend, d. h. man wird hyperaktiv. ☐
C Gar nicht, da Kohlensäure harmlos ist (auch im Mineralwasser enthalten). ☐
D Es führt zum Ersticken und das CO lagert sich am Hämoglobin an – man stirbt sehr schnell. ☐

200. Nennen Sie die „drei Wege" des Explosionsschutzes.

A Anlagentechnisch, baulich und organisatorisch. ☐
B Primär, sekundär, tertiär. ☐
C Vorbeugend (Verhalten), abwehrend (Löschen) und kaufmännisch (Versicherungen). ☐
D Es gibt nur zwei Wege: Raumbezogene Maßnahmen und anlagentechnische Maßnahmen. ☐

201. Wie viele Rauchgase können 1 kg eines geschäumten Kunststoffs in etwa freisetzen?

A 1 kg ☐
B 1 m^3 ☐
C 10 kg ☐
D 10 000 l ☐
E > 1 000 m^3 ☐

202. Acetylen hat sicherheitstechnische Nachteile. Warum wird es dennoch eingesetzt?

A Das stimmt nicht, Acetylen wird seit 2010 kaum noch eingesetzt, weil die Nachteile zu groß bzw. zu gefährlich sind. ☐
B Es wird heißer als andere Gase und somit werden die Schweißverbindungen qualitativ hochwertiger. ☐
C Acetylen ist ein nicht brennbares Gas, es wird in Ansul-Löschanlagen eingesetzt und es hat keine Nachteile. ☐
D Acetylen ist das mit Abstand preiswerteste Gas und wird primär deshalb gewählt. ☐

203. Wie teilt man Explosionszonen ein?

A Gemäß den verbindlichen Vorgaben der deutschen Gewerbeaufsicht in 14 EX-Schutz-Zonen (I – XIV). ☐

B In Bereiche, in denen langzeitig/permanent, regelmäßig oder selten/kurzfristig mit einer explosionsfähigen Atmosphäre zu rechnen ist. ☐

C In Stäube, Dämpfe und Gase. ☐

D Überhaupt nicht, denn Explosionszonen darf es nicht mehr geben (Tendenz der Berufsgenossenschaften und Tenor der Gesetzgebung: Null Toleranz gegenüber Gefahren und Gefährdungen). ☐

204. Welche Nachteile kann Acetylen haben?

A Es kann unter ungünstigen Voraussetzungen im liegenden Zustand der Flasche zu einem Austritt des Gases kommen. ☐

B Es kann bei zu zügiger Entnahme zu einem Bersten der Flasche kommen, wenn diese anschließend zugedreht ist. ☐

C Die Flasche wird bei direkter Sonneneinstrahlung hochexplosiv. ☐

D Es lagert sich in der Lunge am Hämoglobin an und verhindert somit die Aufnahme von Luftsauerstoff (O_2). ☐

205. Man legt den Deckel einer Kunststoffbox auf die versehentlich aktivierte Herdplatte. Was kann passieren?

A Eine Wohnung mit bis zu 200 m^2 kann tödlich verrauchen. ☐

B Die Küche mit bis zu 20 m^2 kann tödlich verrauchen. ☐

C Es wird stinken und ggf. muss die Küche neu gestrichen werden, aber es wird nicht lebensgefährlich. ☐

D Die Energie der Herdplatte reicht nicht aus, um den Kunststoff zu entzünden – er wird höchstens deformiert und geht somit kaputt. ☐

206. Wie wird Motoröl eingestuft?

A Brennbare Flüssigkeit gemäß der Betriebssicherheitsverordnung und der daraus resultierenden Richtlinie 67/548/EWG. ☐

B Hochentzündlich ☐

C Leichtentzündlich ☐

D Keine der o.a. Bezeichnungen trifft zu. ☐

207. Was kann z. B. mit Glut und Flamme verbrennen? Nennen Sie zwei Gegenstände/Stoffe.

____

____

208. Zeichnen Sie den typischen Brandverlauf in Form einer Kurve ein und machen Sie Angaben bei der Temperaturachse. Zeichnen Sie als Nächstes die Entwicklung des Rauchgases in Form einer Kurve ein.

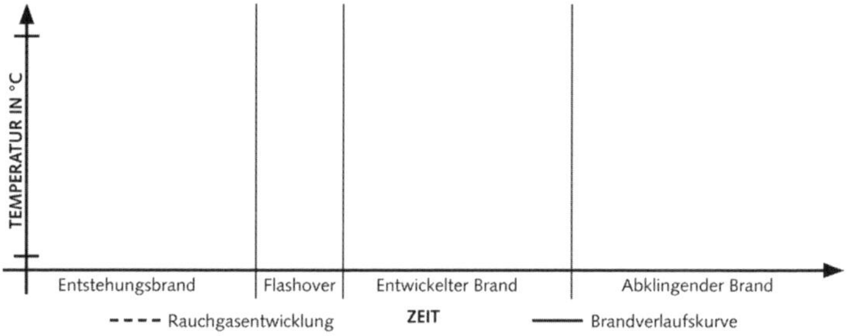

209. Wofür steht der Begriff „B" auf einem Feuerlöscher?

- A Für brennbare Feststoffe. ☐
- B Für brennbare Flüssigkeiten und flüssig werdende Stoffe. ☐
- C Für brennbare Baustoffe. ☐
- D Für brennbare Gase. ☐
- E Für brennbare Speisefette. ☐
- F Für brennbare Metalle. ☐

210. Wodurch erfolgt ein Löschen?

- A Abkühlen; Beseitigen; Sauerstoffentzug. ☐
- B Erwärmen; Sauerstoffzufuhr; Druckerhöhung. ☐
- C Abdecken; Inhibieren; Ersticken. ☐
- D Zuführung von Gasen wie Kohlenmonoxid, Ethan oder Trichlorethylen. ☐

211. Kohlenmonoxid (= CO) entsteht primär bei:

- A Einem Brand in einem Otto-Motor. ☐
- B Bei einem Schadenfeuer, weil verschiedene Stoffe unkontrolliert brennen und meist zu wenig Sauerstoff haben. ☐

C Bei brennbaren Flüssigkeiten. ☐
D Bei Sauerstoffzufuhr. ☐

212. Was trifft bei brennbaren Flüssigkeiten zu?

A Nicht die Flüssigkeit brennt, sondern deren Dämpfe (d. h. Aggregatsänderung). ☐
B Sie brennen auch mit Glutbildung. ☐
C Sie sind immer ab 100 °C entzündlich. ☐
D Sie sind grundsätzlich in Unternehmen verboten. ☐

213. Brennbare Dämpfe sind dann besonders gefährlich, wenn ...

A ... UEG und OEG besonders nahe zusammen liegen. ☐
B ... UEG und OEG besonders weit entfernt sind. ☐
C ... brennbare Dämpfe niedrige Flamm- und Brennpunkte haben. ☐
D ... brennbare Dämpfe nicht von Flüssigkeiten, sondern von Gasen stammen. ☐

214. Wo werden brennbare Flüssigkeiten brandschutztechnisch aktuell abgehandelt?

A Sie werden in der TRGS klassifiziert. ☐
B Sie werden in der VbF klassifiziert. ☐
C Sie werden in der jeweiligen LBO klassifiziert. ☐
D Sie werden in der BetrSichVO klassifiziert. ☐
E Man findet im BG-Recht (BGV D 22) eine Einteilung und Vorsorgemaßnahmen. ☐

215. Man hält eine Flamme eines Feuerzeugs an ein Stück Holz und dieses brennt nicht. Was könnte/n die Ursache/n sein?

A Die Relation Oberfläche zu Volumen ist zu ungünstig (d. h. das Holz ist zu groß/dick). ☐
B Das Holz ist normal entflammbar. ☐
C Das Holz ist leicht entflammbar. ☐
D Das Holz ist schwer entflammbar. ☐
E Die Flamme wird nur kurz hingehalten. ☐

216. Was passiert beim Überschreiten von 100 °C?

A Leichtentflammbare Gegenstände sind jetzt so heiß, dass sie von sich aus zu brennen beginnen. ☐
B Benzin explodiert aufgrund der Eigentemperatur, d.h. ohne Fremdzündung. ☐
C Wasser (= H_2O) zerlegt sich in Wasserstoff (= H_2) und Sauerstoff (O). ☐
D Nicht brennbare Gegenstände werden langsam schwer entflammbar. ☐
E Schwerentflammbare Gegenstände benötigen jetzt weniger Energie als bei Raumtemperatur, um sie zu entzünden. Gleiches gilt für normal- und leichtentflammbare Gegenstände. ☐

217. Was unterscheidet eine Flamme von einer Glut?

A Flammen sind ca. 800 °C heiß, eine Glut maximal 250 °C. ☐
B Eine Flamme braucht Sauerstoff, um „am Leben" zu bleiben, eine Glut nicht. ☐
C Eine Glut kann ggf. (wenn sie konserviert wird) tagelang weiter glühen. ☐
D Flammen können Brände vergrößern, Glut kann maximal einen Schmorschaden anrichten (z.B. Parkettboden, Teppichboden). ☐

218. Schwer entflammbare Gegenstände gehen wieder aus, wenn die Zündenergie weggenommen wird. Gilt das auch in einem Brandfall, wenn solche Stoffe als Dämmung an der Decke verwendet werden?

A Ja, gerade hier gilt dies. ☐
B Nein, denn diese Einstufung gilt nur bei einer Raumtemperatur (d.h. auch die Gegenstände haben Raumtemperatur) von ca. 21 °C; die Dämmung wird auch beim Löschen aufgrund ihrer eigenen Temperatur weiter brennen. ☐
C Schwer entflammbare Gegenstände sind als nicht brennbar einzustufen, denn sie enthalten kaum brennbare Bestandteile (A 2). ☐
D Schwerentflammbare Dämm-Materialien sind nach der jeweiligen LBO verboten. ☐

219. Was versteht man u.a. unter Normalbedingungen?

- A Luftdruck zwischen 950 und 1 050 hPa. ☐
- B Lärm < 85 dB(A) ☐
- C se-Kleidung ☐
- D pH-Wert zwischen 6 und 8 (ideal: Neutralwert 7). ☐

220. Warum muss gebrauchte Putzwolle in eigenen Behältern (nicht brennbar, dicht schließend) aufbewahrt werden?

- A Das muss sie nicht. ☐
- B Umweltschutz (die Dämpfe sind ein Umweltgift). ☐
- C Personenschutz (Aerosoldämpfe sind gesundheitsschädlich). ☐
- D Sachwerteschutz (Beschädigungen durch Dämpfe möglich). ☐
- E Brandschutz (Selbstentzündung der Lappen an Luft möglich). ☐

221. Brennbare Gase werden stark komprimiert. Welche Folge kann eintreten?

- A Sie können sich ggf. selbst entzünden. ☐
- B Die Temperatur kann ansteigen. ☐
- C Die Temperatur kann abfallen. ☐
- D Es gibt keine Veränderungen. ☐
- E Die Gase können ggf. verflüssigt werden. ☐
- F Die Gase können ggf. vom flüssigen in den gasförmigen Zustand übergehen. ☐

222. Es brennen große Mengen an Kunststoffabfällen im Lager. Was kann passieren?

- A Die giftigen Chlordämpfe können durch die Betonwand diffundieren und die Stahlarmierungen zersetzen – bis das Gebäude abgerissen werden muss. ☐
- B Es entstehen viele Rauchgase mit tödlicher Wirkung. ☐
- C Es entsteht eine extrem große Hitze. ☐
- D Es wird extrem viel Rauch entstehen. ☐

3. Brand-/Explosionsgefahren und Brandrisiken

223. Was ist ein Sonderbau?

A Ein Gebäude, dessen höchster Aufenthaltsraum (Fußboden) höher als 22 m liegt. ☐

B Ein dreigeschossiges, unterkellertes Haus mit folgender Nutzung: Heizung und Lagerbereiche im KG; Zeitungskiosk und Büro im EG; Wohnung und Arztpraxis im 1. OG; zwei Wohnungen im 2. OG; Holzdachstuhl darüber, nicht genutzt. ☐

C Ein Pflegeheim im Erdgeschoss mit lediglich 600 m^2 Grundfläche, ohne Unterkellerung und mit Flachdach oberhalb vom EG. ☐

D Gebäude mit Gasheizungen mit mehr als 500 kW Leistung. ☐

224. Welche zwei Verordnungen stellen die niedrigsten Anforderungen an den Brandschutz?

A Die Versammlungsstättenverordnung. ☐

B Die Muster-Industriebaurichtlinie. ☐

C Die Garagenverordnungen der Länder. ☐

D Die Krankenhaus-Bauvorschrift. ☐

225. Von welcher dieser brennbaren Flüssigkeiten geht die größte Brandgefahr aus?

A Dieseltreibstoff bei 0 °C und bei Unterdruck. ☐

B Reinigungsbenzin bei 50 °C. ☐

C Alkohol bei 0 °C. ☐

D Schweres Heizöl bei 21 °C. ☐

226. Unter welchen Bedingungen können nicht brennbare Gegenstände der Klasse A2 brennen?

A Überhaupt nicht. ☐

B Bei Temperaturen > 1 000 °C. ☐

C Bei einer Beflammung länger als 90 Minuten. ☐

D Bei einer Beflammung länger als 90 Minuten und zugleich oberhalb 1 000 °C. ☐

227. Unter welchen Umständen können schwerentflammbare Gegenstände leichtentflammbar werden?

A Bei massivem Absenken des Luftdrucks. ☐
B Bei Erhöhung der Luftfeuchte. ☐
C Bei Erhöhung der Temperatur des Gegenstands. ☐
D Überhaupt nicht. ☐

228. Unter welchen Umständen können schwer entflammbare Gegenstände durch die kurze Berührung mit einem brennenden Zündholz entzündet werden?

A Wenn die Temperatur des Gegenstands erheblich erhöht wurde. ☐
B Überhaupt nicht. ☐
C Wenn die Windgeschwindigkeit erhöht wird. ☐
D Schwer entflammbare Gegenstände können, egal welche physikalischen Randbedingungen gegeben sind, lediglich mit hohen Energien (z. B. Gasflamme) entzündet werden. ☐

229. Sie sollen an einer Gefährdungsbeurteilung mitwirken. Wo finden Sie dazu etwas?

A Betriebssicherheitsverordnung, Arbeitsschutzgesetz, Arbeitsstättenverordnung, Gefahrstoffverordnung. ☐
B TRGS 400, TRGS 800 ☐
C DIN 14 099 ☐
D DIN 14 195 ☐

230. Durch was kann die brandschutztechnische Risikoeinschätzung positiv und konstruktiv beeinflusst werden?

A Durch Brände im Unternehmen. ☐
B Durch das korrekte Verhalten der vorgesetzten Personen. ☐
C Durch Schulungen und Informationen. ☐
D Durch Sanktion und Abmahnung im Falle eines Vergehens. ☐

231. Wie lassen sich Brandgefahren vorbeugen und Brände verhindern?

A Brandschutz bewusst machen durch Schulungen, Unterweisungen, Kontrollen und Aushänge. ☐
B Eine qualifizierte Brandwache nach feuergefährlichen Arbeiten stellen. ☐

C Feuerversicherung für Gebäude, Inhalte und Betriebsunterbrechung abschließen. ☐

D Raucherzonen abschaffen. ☐

232. Wo kann es in einem Unternehmen brennen?

A Eigentlich überall (Büros, Lager, Produktion, Küche, Sozialbereiche, ...), aber mit unterschiedlichen Wahrscheinlichkeiten. ☐

B Während der Arbeitszeiten sind die Brandschäden immer besonders hoch. ☐

C Es brennt in Produktionsbereichen und Kantinen, nicht in Lagerräumen oder Büros. ☐

D Im Freien kann es nicht brennen (z. B. dort abgestellte Paletten), weil die Umgebungstemperatur zu gering ist und Wärme abgeleitet wird. ☐

233. Welche Maßnahmen sind in einem explosionsfähigen Bereich u.a. zu berücksichtigen?

A Ein Radius von mindestens 10 m muss immer frei gehalten werden. ☐

B Jede Person, die sich hier nähert, braucht eine schriftliche Genehmigung. ☐

C Funkenerzeugende Geräte und Kleidungsstücke sind verboten, ebenso feuergefährliche Arbeiten ohne besondere Freigabe. ☐

D An zwei Stellen (möglichst diagonal) muss es je einen Wandhydranten geben. ☐

234. Welche Ziele verfolgt das Brandschutzmanagement?

A Voraussetzungen schaffen für geregelte Abläufe im vorbeugenden Brandschutz; Realisieren von abwehrenden Brandschutzmaßnahmen. ☐

B Schulung von Mitarbeitern und Kontrolle von Arbeitsvorgängen. ☐

C Brandschutzbegehungen und Wartung von brandschutzrelevanten Einrichtungen. ☐

D Realisierung von verschiedenen anlagentechnischen Brandschutzmaßnahmen. ☐

235. Wann wird eine Überarbeitung einer Gefährdungsanalyse nötig?

A Jährlich, in besonders gefährlichen Unternehmen wie der petrochemischen Industrie auch halbjährlich. ☐

B Regelmäßig; eine Anpassung wird notwendig, wenn geänderte Arbeitsbedingungen (einschließlich Arbeitsmittel) dies erfordern, wenn neue Erkenntnisse (insbesondere aus dem Unfallgeschehen/der arbeitsmedizinischen Vorsorge) vorliegen oder wenn sich die festgelegten Schutzmaßnahmen als nicht ausreichend erweisen. Dabei ist der Stand der Technik zu berücksichtigen. ☐

C Zwingend immer alle zwei Jahre. ☐

D Nach den individuellen Vorgaben der Berufsgenossenschaft. ☐

236. Wie ist das Berichtswesen des Brandschutzbeauftragten organisiert?

A Der Brandschutzbeauftragte legt seine schriftlichen Informationen den Mitarbeitern vor. ☐

B Es gibt kein schriftliches Berichtswesen, der Brandschutzbeauftragte hat „seinen Laden“ so weit im Griff, dass alles mündlich zu regeln ist. ☐

C Die Notizen des Brandschutzbeauftragten werden grundsätzlich immer allen vorgesetzten Personen in allen Abteilungen vorgelegt. ☐

D Analog der Fachkraft für Arbeitssicherheit, d. h. ein direkter Weg zur Geschäftsleitung/zum Unternehmer ist anzuraten. ☐

237. Im Doppelboden des Rechenzentrums steht eine geringe Menge Wasser. Wie verhalten Sie sich?

A Damit die Akkus nicht explodieren, unbedingt sofort den gesamten Bereich stromlos schalten. ☐

B Das ist Aufgabe der Feuerwehr, hier aktiv zu werden. ☐

C Die weiteren Schritte sind im Katastrophenhandbuch festgelegt; für solche Fälle ist technisches Equipment bereitgestellt. ☐

D Da die Steckverbindungen nicht direkt auf dem Boden aufliegen und da das Wasser nicht weiter steigt, besteht vorerst nicht die Notwendigkeit, die für das Unternehmen wichtige Anlage stromlos zu schalten. Das Wasser wird mit eigenen Pumpen herausgepumpt. ☐

238. Was wird bei einer Gefährdungsbeurteilung nicht berücksichtigt?

A Versicherungsvertrag. ☐
B Qualität der Feuerwehr. ☐
C Brandlasten und Zündquellen. ☐
D Art und Anzahl der Personen im Gebäude. ☐
E Anlagentechnische Brandschutzeinrichtungen. ☐

239. Welche Aussagen sind richtig?

A Brände in Unternehmen geschehen meist außerhalb der Arbeitszeiten. ☐
B Brände in Unternehmen geschehen meistens während der Arbeitszeiten. ☐
C Brände während der Arbeitszeit sind besonders teuer. ☐
D Brände außerhalb der Arbeitszeiten sind besonders teuer. ☐

240. Welche Brandrisiken gehen von Gebäuden aus?

A Baustoffe und Bauteile haben keinen Einfluss. ☐
B Brennbare Gebäudebestandteile am Boden sind weniger gefährdend als die gleichen an der Decke des Raums. ☐
C Gefahren gehen immer von den Aktivitäten, aber nie von den Gebäuden aus. ☐
D Tiefkühlhäuser sind aufgrund der Kühlenergie sowie der brennbaren Isolation besonders brandgefährdet. ☐

241. Ihr Unternehmen lagert 10 Propangasflaschen und 10 l Spiritus. Nennen Sie jeweils zwei Punkte, die Sie den Vorgesetzten empfehlen.

____

____

242. Was sind mögliche Brandursachen in Unternehmen?

A Selbstentzündung von sauber gewaschenen Handtüchern, die mit Seife zusammen gelagert sind. ☐
B Glasreste im Glascontainer, wenn sie mit Resten von Schwermetallen in Berührung kommen. ☐
C Nachlässige und nicht unterwiesene Fremdhandwerker. ☐
D Heiß gelaufene Lüfter, Reibungswärme. ☐

243. Ein Unternehmen arbeitet täglich von 8 bis 16 Uhr. Welche Brandgefahren sehen Sie außerhalb der Arbeitszeiten?

A Nicht ausgeschaltete Kaffeemaschine; Strom allgemein. ☐
B Selbstentzündung von nicht weggeräumten ölgetränkten Lappen; Brandstiftung. ☐
C Wenn niemand anwesend ist, passieren derart wenig Brände, dass man darüber keine verwertbaren Statistiken führen kann. ☐
D Eingesteckte Akku-Ladegeräte; verstellte Luft-Austrittsöffnungen von Elektrospeicheröfen; gequetschte Stromkabel und lose Steckerverbindungen. ☐

244. Wie lassen sich Brandrisiken allgemein effektiv reduzieren?

A Zündquellen erfassen, minimieren, durch weniger brandgefährliche Gegenstände ersetzen und räumlich trennen. ☐
B Mitarbeiter unterweisen und kontrollieren, geeignete Feuerlöscher stellen. ☐
C Brandlasten erfassen, minimieren, durch solche mit weniger Zündenergie ersetzen, räumlich von Zündquellen lagern. ☐
D Den Sauerstoffgehalt in allen Arbeitsräumen auf ca. 15 Vol.-% reduzieren; dabei kann man noch gut atmen, aber ein Feuer kann nicht mehr entstehen. ☐
E Alle Mitarbeiter schulen, sensibilisieren, kontrollieren. ☐
F Feuergefährliche Arbeiten outsourcen (d. h. fremdvergeben). ☐

245. Notieren Sie mindestens drei Punkte, was vor Beginn von feuergefährlichen Arbeiten zu tun ist.

____

____

246. Notieren Sie mindestens drei Punkte, was während feuergefährlichen Arbeiten zu tun ist.

____

____

247. Notieren Sie mindestens zwei Punkte, was nach Abschluss von feuergefährlichen Arbeiten zu tun ist.

____

____

248. Für brennbare Gase wie Propan und Butan gilt:

A Sie sind fast immer leichter als Luft. ☐
B Sie sind schwerer als Luft und bilden meist Pfützen, bevor sie verdunsten. ☐
C Sie sind nur im flüssigen Zustand brandgefährlich. ☐
D Grundstücke, auf denen brennbare Flüssiggase gelagert werden, müssen immer als Sonderbauten deklariert werden. ☐

249. Welche Aussage(n) über öl- und fettgetränkte Reinigungstücher ist/sind richtig?

A Sie müssen über den Hausmüll arbeitstäglich entsorgt werden. ☐
B Sie müssen in dicht schließenden, nicht brennbaren Behältern aufbewahrt werden. ☐
C Sie können sich selbst entzünden. ☐
D Diese sind, wie sonstiger Abfall, nicht mehr oder weniger brandgefährlich. ☐

250. Was wissen Sie über Brandstiftung?

A Das kommt so selten vor, dass es nicht relevant für den Brandschutzbeauftragten ist. ☐
B Brandstiftung ist strafrechtlich relevant. ☐
C Brandstiftung ist eine der Hauptbrandursachen in Mitteleuropa. ☐
D Es gibt vorsätzliche und fahrlässige Brandstiftung. ☐
E Brandstiftung kann nur vorsätzlich sein. ☐
F Die Gefahr einer Brandstiftung durch Mitarbeiter kann nach betrieblichen Problemen (Entlassungen, Gehaltskürzungen) größer werden. ☐

251. Ihr Hausmeister ist gelernter Automechaniker. Darf er im Betrieb schweißen?

A Nein. ☐
B Ja, weil er über die dafür nötigen Fähigkeiten verfügt und wenn er die dafür nötigen Gerätschaften zur Verfügung gestellt bekommt und wenn er einen Erlaubnisschein ausfüllt. ☐
C Das muss der Feuerversicherer schriftlich genehmigen. ☐
D Das ist bei der zuständigen Berufsgenossenschaft anzumelden. ☐

252. Was stufen Sie am gefährlichsten ein?

A 0,1 l Wasser in 1,5 Liter einer Fritteuse mit 160 °C heißem Fett. ☐
B 0,1 l Wasser in 30 Liter einer Fritteuse mit 160 °C heißem Fett. ☐
C Antwort A und B sind relativ harmlos, da die Flammtemperatur von Fett weit oberhalb von 200 °C liegt. ☐
D Antwort A und B sind gleich gefährlich, da beide Varianten tödlich enden können, auch wenn es noch nicht zu einem Brand kommt. ☐

253. Sind lediglich 1 kg brennende Brandlasten in einem großen 80 m^2-Wohnzimmer mit 2,5 m Raumhöhe (= 200 m^3) ernsthaft gefährlich?

A Nein, eher nicht. ☐
B Ja, das kann sogar tödlich sein. ☐
C Nein, eine ernsthafte Gefahr beginnt hier bei ca. 5 kg. ☐
D Sogar weniger als 1 kg einer Brandlast kann hier tödlich sein. ☐

254. Welche Zündgefahren gibt es in einem Lager aufgrund der dort üblichen Aktivitäten?

A Beleuchtungsanlage ☐
B Stapler-Ladegeräte ☐
C Raucherverhalten ☐
D Schweißarbeiten ☐

255. Wie beugt man der Brandgefahr durch Ladegeräte für Stapler vor?

A EX-geschützte Batterien verwenden. ☐

B Den Ladevorgang in einem eigenen Raum vornehmen oder die Geräte mindestens in einem Radius von 2,5 m brandlastfrei halten. ☐

C Nicht nötig, da diese Geräte gemäß VDE, VDS und GS-Zeichen sicher und somit auch brandsicher sind. ☐

D Nur tagsüber laden, wenn das Personal anwesend ist. ☐

256. In einem wertvollen Lager muss gegen 18 Uhr noch geschweißt werden, ohne dass das Lager leer geräumt werden konnte. Welches Verhalten ist richtig?

A Man stellt eine Brandwache bis ca. 20 Uhr (also für 2 Stunden, analog dem VdS-Schein). ☐

B Man stellt eine qualifizierte Brandwache über die ganze Nacht. ☐

C Die Lösungen A und B sind überzogen, wenn man nach Beendigung der Arbeit verbindlich feststellt, dass keine Brandgefahr mehr vorliegt. ☐

D Die Feuerwehr wird telefonisch über den Vorgang informiert. ☐

257. Ein PC im Büro, ein Kühlschrank und eine Kaffeemaschine laufen nachts durch. Wie ist das einzustufen?

A Alle drei Situationen sind äußerst bedenklich, können zu Bränden führen. ☐

B Der Kühlschrank muss nachts ausgeschaltet sein, jedenfalls in Büros. ☐

C Der PC und die Kaffeemaschine müssen ausgeschaltet sein, im Idealfall sogar ausgesteckt. ☐

D Das ist zwar umweltschutztechnisch bedenklich, aber nicht brandschutztechnisch. ☐

258. Geht von ölgetränkten Metallspänen eine Brandgefahr aus?

A Kaum. ☐

B Nein. ☐

C Ja, es kann extrem heiß brennen und wenn man Wasser hinzugibt, kann das sogar zu Explosionen führen. ☐

D Metalle sind nicht brennbar und das Öl ist lediglich auf Lappen bzw. auf Kleidung gefährlich. ☐

259. Die subjektive Beurteilung von Brandrisiken kann beeinflusst werden durch:

A Persönliche Erfahrung. ☐
B Informationen und Hinweise wie z. B. Plakate im Unternehmen. ☐
C Brände im Unternehmen. ☐
D Schulungen und Verhalten von Vorgesetzten. ☐

260. Wie gehen Sie mit privat mitgebrachten Elektrogeräten um?

A Gar nicht, das liegt in der eigenen Verantwortung. ☐
B Die Geräte sind zentral oder dezentral zu melden, der Aufstellort ist vorzugeben, die Geräte müssen regelmäßig geprüft sein. Unter konventionelle Kaffeemaschinen und Wasserkocher ist aus brandschutztechnischen Gründen eine nichtbrennbare Fliese unterzulegen. ☐
C Diese sind absolut zu verbieten. ☐
D Manche Gerätschaften sind verboten (z. B. Kühlschränke, Heizplatten, Tauchsieder). ☐

261. Was ist an einem Kompressor besonders gefährlich?

A Die Explosionsgefahr des Kessels. ☐
B Die Personenverletzung wegen des Überdrucks. ☐
C Austretendes Öl kann eine Umweltgefährdung bedeuten. ☐
D Die Brandgefahr durch den Kompressor. ☐

262. Wo gibt es Explosionsgefahren?

A Grundsätzlich in jedem Unternehmen, ja sogar in der Verwaltung. ☐
B Explodieren können lediglich brennbare Gase. ☐
C Wenn Dämpfe, Stäube, Gase, Nebel oder Aerosole entstehen können und die Möglichkeit einer ausreichenden Zündquelle gegeben ist. ☐
D Wenn mit Sprengstoffanschlägen zu rechnen ist. ☐

263. Welche Eigenschaften können schwer entflammbare Isolationsmaterialien haben?

A Sie sind brennbar. ☐
B Sie isolieren meist etwas besser/effektiver als nicht brennbare Materialien. ☐

C Sie können einen Brand entscheidend negativ beeinflussen. ☐
D Sie kosten mindestens das Doppelte im Vergleich zu nicht brennbaren Isolationen. ☐

264. 25 000 Blatt Kopierpapier werden am Kopierer gelagert. Die gleiche Menge befindet sich bedruckt im Abfallcontainer. Gibt es einen Unterschied hinsichtlich des Abbrandfaktors?

A Nein, identischer Abbrandfaktor, identische Gefahr. ☐
B Ja, der Abbrandfaktor ist bei dem gelagerten Papier höher als bei dem Abfallpapier. ☐
C Ja, der Abbrandfaktor ist bei dem Abfallpapier höher als bei dem gelagerten Papier. ☐
D Wegen der Druckfarbe (Tinte) kann das Abfallpapier sogar explosiv werden. ☐

265. In einem Büro (35 m², 2,8 m hoch, Fenster und Türen geschlossen) brennt der PC-Bildschirm. Was gerät als Nächstes in Brand, wenn nicht eingegriffen wird?

A Nichts, der Brand wird in dem Raum erstickt werden, da Fenster und Türen geschlossen sind. ☐
B Alles gerät in Brand, flashover. ☐
C Der Teppichboden. ☐
D Die Akten, ganz oben im Schrank. ☐
E Die Akten, ganz unten im Schrank. ☐
F PC, am Boden stehend, da mit dem Bildschirm und Kabel verbunden. ☐
G Der Karton der Gipskartonwand. ☐

266. Ein Stromkabel ist gequetscht. Geht davon eine Brandgefahr aus?

A Da PVC schwerentflammbar ist, erst dann, wenn die Drähte sichtbar sind. ☐
B Ja, das Kabel kann zu brennen beginnen. ☐
C Hier liegt ausschließlich eine (ggf. tödliche) Personengefahr vor, aber keine Brandgefahr. ☐
D Zuvor würde die Sicherung ansprechen, dafür ist sie gedacht. ☐

267. Welches Verpackungsverfahren ist brandschutztechnisch vorzuziehen?

A Das Folienschrumpfen mit Elektro-Ofen. ☐
B Das Folienwickeln. ☐

C Das Folienschrumpfen mit Propangas. ☐
D Die aufgeführten Verfahren sind alle in etwa gleich gefährlich. ☐

268. Ein Elektrogerät ist über eine Mehrfachsteckdose als einziges Gerät an einer Steckdose in der Wand angeschlossen. Das Gerät ist am Hauptschalter ausgeschaltet. Besteht hier eine Brandgefahr?

A Ja, auch im ausgeschalteten Zustand. ☐
B Nein, nur wenn das Gerät aktiviert wird und Strom fliesen kann. ☐
C Nur bei 10 Ampere Sicherungen. ☐
D Nur bei Überlastung der Sicherungen, unabhängig ob 10 oder 16 Ampere. ☐

269. Welches Gerät ist im RZ (in der EDV) am brandgefährlichsten?

A Der Rechner. ☐
B Die Speichereinheiten. ☐
C Die Kühlgeräte, Klimaanlagen. ☐
D Der Drucker. ☐

270. Dürfen Kopierer in Flurnischen notwendiger Flure aufgestellt werden, wenn sie den Fluchtweg nicht einengen? Begründen Sie Ihre Antwort kurz.

____

____

271. Was ist vom Unternehmen zu veranlassen, sobald Fremdhandwerker (= Dritte) im Unternehmen arbeiten? Nennen Sie mindestens drei Punkte.

____

____

272. Wie geht man im Unternehmen mit privat mitgebrachten Elektrogeräten um? Nennen Sie mindestens drei Punkte.

____

____

273. Was sind mögliche Brandursachen in Unternehmen?

A Fahrlässigkeit, Vorsatz, Blitzschlag. ☐
B Heiße Oberflächen, Strom, elektrische Anlagen. ☐
C Reibungswärme, Fremdhandwerker. ☐
D Nicht ausgeschaltete Kaffeemaschinen, Strom. ☐

274. Wie geht man mit Elektrogeräten um, die das Unternehmen stellt? Nennen Sie mindestens drei Punkte.

____

____

275. Ein Unternehmen arbeitet täglich von 8 bis 16 Uhr. Welche Brandgefahren sehen Sie außerhalb der Arbeitszeiten?

A Keine. ☐
B Durchlaufende (vergessene) Elektrogeräte. ☐
C Vorsätzliche Brandstiftung. ☐
D Akku-Ladegeräte, lose Steckverbindungen, gequetschte Stromkabel. ☐

276. Sehen Sie in einer kleineren Schreinerei eine Explosionsgefahr?

A Nein, die Gefahr einer Explosion besteht nicht. ☐
B Ja, durch den Holzstaub. ☐
C Ja, wegen ölgetränkter Putzlappen (zur Holzpolitur). ☐
D Ja, wenn dort mit Schutzgas geschweißt wird. ☐

277. Sie betreiben ein batteriebetriebenes Radio. Welche zwei Antworten sind richtig?

A Vom Gerät geht eine Brandgefahr aus. ☐
B Vom Gerät geht keine Brandgefahr aus. ☐
C Vom Gerät kann eine Explosionsgefahr in EX-gefährlichen Bereichen ausgehen. ☐
D Vom Gerät kann keine Explosionsgefahr in EX-gefährlichen Bereichen ausgehen. ☐

278. Von welcher Flüssigkeit geht die größte Brand- und Explosionsgefahr aus?

A Von Dieselkraftstoff. ☐
B Von Superbenzin. ☐
C Von Spiritus. ☐
D Von Schweröl. ☐

279. Was berücksichtigt man bei Gefährdungsbeurteilungen?

A Eingesetzte Stoffe. ☐
B Vorhandene Energien. ☐
C Neben dem Brandschutz auch andere sicherheitsrelevante Bereiche wie Arbeitsschutz, Umweltschutz, Strahlenschutz. ☐
D Technische Regeln, geänderte Arbeitsbedingungen, übliche Sicherheitsmaßnahmen. ☐

280. Welche Aufgaben hat ein Stockwerksbeauftragter bei einer Räumungsübung? Nennen Sie mindestens drei mögliche Aufgaben.

____

____

281. Welche Hilfsmittel sind für Stockwerksbeauftragte bei einer Räumung hilfreich? Nennen Sie mindestens drei.

____

____

282. Nennen Sie im Folgenden je 2–3 Punkte zu den häufigsten Brandursachen in ...

A ... Büros:

____

B ... Industriehallen zur Produktion:

____

C ... Lagerbereichen:

____

D ... Brauereien:

____

283. Wer sollte an einer Gefährdungsbeurteilung teilnehmen?

A Eigentlich nur der Brandschutzbeauftragte, evtl. auch noch der Explosionsschutzbeauftragte. ☐
B Möglichst viele Mitarbeiter eines Unternehmens. ☐
C Ein Gremium von vielleicht 3–6 Personen, bestehend aus Fachpersonen unterschiedlicher Richtungen. ☐
D Feuerwehr, Feuerversicherer, Gewerbeaufsicht und Berufsgenossenschaft (bzw. Gemeindeunfallversicherer). ☐

284. In eine Fritteuse zu Hause mit 2 l Fett (220 °C) und in die Fritteuse in der Kantine mit 60 l Fett (220 °C) wird ein Eiswürfel geworfen. Gibt es hinsichtlich der Folgen einen Unterschied?

A Da 60 l das 30-Fache von 2 l sind, wird die Explosion auch in etwa 30-mal so stark sein. ☐

B Es kommt in beiden Fällen zu enorm gefährlichen Fettexplosionen, die sich kaum unterscheiden. ☐

C Es wird keine besondere Gefahr entstehen, das Wasser des Eiswürfels wird verspritzt. ☐

D Das Eis schwimmt oben, wird zügig zu Wasser und ebenso zügig zu Wasserdampf – dieser kann auf der nackten Haut schlimmstenfalls Verbrühungen bewirken. ☐

285. Welchen Maßnahmen des Brandschutzes ist Vorrang zu geben?

A Keinen, da alle Maßnahmen des Brandschutzes gleich wichtig sind. ☐

B Den abwehrenden Maßnahmen. ☐

C Den vorbeugenden Maßnahmen. ☐

D Solchen, die zwangsläufig wirken und nicht vom individuellen Können oder Wollen von Personen abhängig sind. ☐

286. Für öl- und fettgetränkte Tücher gilt:

A Diese müssen aus Hygienegründen in verknoteten Plastikbeuteln dem Restmüll zugegeben werden. ☐

B Sie können, sollen und dürfen über den Restmüll entsorgt werden. ☐

C Sie müssen in nicht brennbaren und dicht schließenden Behältern aufbewahrt werden und sind getrennt von anderen Stoffen zu entsorgen bzw. der Reinigung zuzuführen. ☐

D Sie können sich unter Normalbedingungen sogar selbst entzünden. ☐

287. Strom- und Datenleitungen sind mit thermoplastischen Kunststoffen immer schwerentflammbar isoliert. Was gilt für diese Brandlasten?

A Der Strom (230 oder 400 Volt) ist zu gering, um diese zum Entzünden zu bringen, sonst würden sie nicht vom VDE freigegeben werden. ☐

B Sie dürfen nicht in Treppenräumen offen verlegt werden. ☐
C Bereits einige wenige können im Schadenfall einen Flur tödlich verrauchen. ☐
D Die Vorgaben der Leitungsanlagen-Richtlinie sind zu berücksichtigen. ☐

288. Was trifft auf Brandstiftung zu?

A Vorsätzliche Brandstiftung ist ein Verbrechen nach dem Strafgesetzbuch. ☐
B Brandstiftung ist eine der Haupt-Schadensursachen für Brände in Deutschland. ☐
C Brandstiftung von unzufriedenen Mitarbeitern/-innen kann sich durch Zunahme von subversivem Verhalten wie Schmierereien oder Sachbeschädigungen ankündigen. ☐
D Brandstiftung lässt sich mit individuellen Maßnahmen erschweren, z. B. Erhöhung Zaunanlage, Geländeüberwachung. ☐

289. Was wissen Sie über sog. „feuergefährliche Arbeiten"?

A Diese sind in Unternehmen verboten, solange es keine schriftliche Erlaubnis vom Versicherer gibt. ☐
B Sie dürfen durchgeführt werden, wenn bestimmte sicherheitstechnische Maßnahmen vor, während und nach den Arbeiten vorgenommen werden (DGUV Information 205-002). ☐
C Man braucht immer einen Erlaubnisschein. ☐
D Man braucht immer dann einen Erlaubnisschein, wenn dadurch möglicherweise eine Brand- und/oder Explosionsgefahr besteht. ☐
E Dieser Schein gilt nur für Fremdhandwerker/-innen. ☐

290. Was gilt für Batterie-Ladestationen für Stapler?

A Hierfür gibt es keine besonderen Vorgaben. ☐
B Diese müssen immer in eigenen Räumlichkeiten aufgestellt werden. ☐
C Diese sind mindestens 2,5 m brandlastfrei zu halten. ☐
D Diese können (so die Batterien wartungsfrei verschweißt sind) auch in EX-gefährlichen Bereichen aufgestellt werden. ☐

291. Wie ist der Explosionsschutz grundlegend aufgebaut?

A Primärer EX-Schutz (Vermeidung von zündfähigen Atmosphären), sekundärer EX-Schutz (Vermeidung der Zündung einer gebildeten EX-fähigen Atmosphäre) und tertiärer EX-Schutz (Ableiten der Explosion in eine für Menschen nicht gefährliche Richtung). ☐
B Es gibt nur Brandschutz, nicht auch Explosionsschutz. ☐
C Vorbeugender EX-Schutz (Vermeiden von Sprengstoff) und abwehrender EX-Schutz (Vermeiden von offenen Flammen zur Zündung). ☐
D Primärer, sekundärer, tertiärer und quartiärer Explosionsschutz. ☐
E EX-Schutz für Gase, Dämpfe und Nebel und EX-Schutz für Stäube. ☐

292. Welches Brandrisiko ist in Büros üblicherweise besonders groß?

A Feuergefährliche Arbeiten wie Schweißen oder Löten. ☐
B Decken-Beleuchtungsanlagen. ☐
C Elektrogeräte wie Kaffeemaschinen und PCs. ☐
D Zigarettenreste in Papierabfallbehältern. ☐

293. Was ist vor, während und nach feuergefährlichen Arbeiten zu tun? Notieren Sie je drei Maßnahmen.

Vorher	Währenddessen	Nachher

294. Schildern Sie eine Situation Ihres persönlichen beruflichen Alltags, bei der Sie eine Gefährdungsbeurteilung in Richtung „Brandschutz" machen müssen und zeigen Sie konkrete, sich sinnvoll ergänzende Lösungswege zur Brand-Gefährdungsreduzierung auf.

____

____

295. Welche Gase sind brennbar?

A Propan ☐
B Butan ☐

C Sauerstoff ☐
D Kohlenmonoxid ☐
E Kohlendioxid ☐
F Wasserstoff ☐
G Argon ☐
H Stickstoff ☐
I Methan ☐
J Acetylen ☐

296. Ist es erlaubt, in einem notwendigen Flur eine Kaffeemaschine aufzustellen?

A Nur, wenn der Fluchtweg dadurch nicht eingeengt ist. ☐
B Nur, wenn darüber ein Rauchmelder mit eingebauter Sirene angebracht ist. ☐
C Nur, wenn darunter eine nicht brennbare Unterlage ist. ☐
D Nein, grundsätzlich ist das nicht erlaubt. ☐
E Nur, wenn der Flur gesprinklert wird. ☐
F Es kann erlaubt sein, wenn eine selbstverlöschende und beim Auftreten von Rauch auch selbstschließende Haube darüber installiert ist. ☐

297. Welche <u>besonderen</u> zwei Brandgefahren sehen Sie nachts in einem Lager (d. h. Mitarbeiter sind nicht anwesend)?

A Gabelstapler-Ladestationen ☐
B Beleuchtung ☐
C Brandstiftung ☐
D Private Elektrogeräte ☐

298. Wie heiß werden die Flammen von brennbaren Gasen (ausgenommen Acetylen)?

A Bis zu 500 °C ☐
B Bis zu 1 000 °C ☐
C Bis zu 1 500 °C ☐
D ≥ 3 000 °C ☐

299. Wie heiß kann Acetylen in Verbindung mit reinem Sauerstoff brennen?

A Ca. 800 °C ☐
B Ca. 1 200 °C ☐
C Ca. 1 500 °C ☐
D Ca. 3 000 °C ☐

300. Wie viele Brandtote gibt es in Deutschland ungefähr in einem Jahr?

- A Ca. 30 ☐
- B Ca. 300 ☐
- C Ca. 3 000 ☐
- D Ca. 13 000 ☐

301. Was ist die häufigste Todesursache bei Bränden?

- A HCl-Vergiftung (Salzsäure aufgrund von Kunststoffbränden). ☐
- B Sauerstoffmangel aufgrund von CO-Anlagerung im Blut in der Lunge. ☐
- C CO_2-Vergiftung des Hämoglobins. ☐
- D Flammen des Feuers. ☐
- E Hitze des Feuers. ☐
- F Pyrolysegase der erhitzten Gegenstände. ☐

302. Wie heiß werden die Flammen von brennbaren Metallspänen?

- A Bis zu 500 °C ☐
- B Bis zu 1 000 °C ☐
- C Bis zu 1 500 °C ☐
- D $\geq$ 3 000 °C ☐

303. Wie unterscheidet sich CO von CO_2?

- A CO und CO_2 unterscheiden sich kaum. ☐
- B CO ist wesentlich schneller tödlich als CO_2. ☐
- C Beides entsteht bei Bränden, aber CO_2 ist gefährlicher, da es mehr Sauerstoff enthält und somit ein Feuer noch anfacht. ☐
- D Es entsteht bei Bränden CO_2, jedoch kein CO. ☐

304. Wann sind Mängel im Brandschutz zu beseitigen?

- A Wenn man die dafür nötigen finanziellen Mittel hat. ☐
- B Wenn eine Gefahr oder gar eine erhebliche Gefahr vorliegt. ☐
- C Spätestens, wenn man den zweiten Brief von der Branddirektion bekommen hat. ☐
- D Bei Gefahr für Leib und Leben oder für erhebliche Sachwerte oder Kulturgüter. ☐

305. Ist Reinigungsbenzin noch erlaubt?

A Nein, es ist – analog Trichlorethylen – verboten. ☐
B So ein Benzin gibt es nicht. ☐
C Es besteht Krebsgefahr, d. h. es ist nur erlaubt, wenn man Handschuhe und Atemschutz benutzt. ☐
D Grundsätzlich ist es nicht verboten, also erlaubt. ☐
E Es ist nur erlaubt, wenn es mit Wasser gemischt bzw. vermischt wird. ☐

306. Welche elektrische Beleuchtungsanlage ist die gefährlichste?

A Niedervoltlampen und deren Transformatoren. ☐
B Glühbirnen. ☐
C Leuchtstofflampen mit elektronischen Startern. ☐
D LED-Beleuchtung. ☐
E Energiesparlampen. ☐

307. Was kann Dämpfe und Gase entzünden, aber keine schwerentflammbaren Gegenstände?

A Die Glut einer Zigarette. ☐
B Ein Funke. ☐
C Elektrostatik. ☐
D Der Abreißfunke beim Herausfallen eines Handy-Akkus. ☐
E Eine Propangasflamme. ☐
F Ein Gas-Feuerzeug. ☐
G Ein Zündholz. ☐

308. Nennen Sie mindestens fünf feuergefährliche Arbeiten.

____

____

309. In einer nicht entrauchten Halle mit 50 m zu 20 m und 12 m Höhe entsteht beim Verbrennen von konventionellen Holzpaletten eine tödliche Atmosphäre. Ab welcher Menge tritt das ein?

A Ca. 0,5 kg ☐
B Ca. 5 kg ☐
C Ca. 50 kg ☐
D Ca. 500 kg ☐
E Ca. 5 000 kg ☐

310. Darf man mit in Wasser gelöstem Spiritus Fensterscheiben reinigen?

A Nein. ☐
B Ja. ☐
C Wenn das Mischungsverhältnis günstiger als 1 : 10 ist, dann schon – sonst nicht. ☐
D Wenn man je Schicht weniger als 1 l Spiritus verwendet und diesen in unzerbrechlichen Behältern bereitstellt, schon. ☐

311. Was muss bei der Bestellung von Fremdfirmen beachtet werden?

A Es gibt hausinterne Vorgaben, die diese kennen müssen. ☐
B Es gibt einen zuständigen Koordinator als Ansprechpartner. ☐
C Nichts. ☐
D Es muss ständige Kontrollen geben. ☐

312. Ein Fass mit 200 l Fassungsvermögen enthielt Benzin. Es wird entleert und mit 200 l Wasser ausgespült.

A Jetzt kann keine Gefahr mehr vorhanden sein. ☐
B Im Fass kann hinterher noch eine explosive Atmosphäre sein. ☐
C Es gibt jetzt keine EX-Gefahr mehr, wohl aber eine Brandgefahr. ☐
D Das Spülen mit Wasser allein bringt wenig, man hätte das Fass auch noch mit Sauerstoff ausblasen sollen, um die Gefahren definitiv zu beseitigen. ☐

313. Worauf achtet man, wenn brennbare Gase in Flaschen gelagert werden?

A Die Flaschen müssen gegen fahrlässiges Umfallen sicher geschützt sein. ☐
B Undichte Flaschen sind mit einem DIN-gerechten Aufkleber „Achtung – nicht dicht“ zu versehen. ☐
C Der Mindestabstand beträgt zu anderen Gegenständen oder Heizungen 50 cm. ☐
D Je nachdem, ob die Gase schwerer oder leichter als die Umgebungsluft sind, muss unten, oben oder unten und oben abgesaugt werden. ☐

314. Was ist bei der Aufstellung von Stapler-Ladestationen zu beachten?

A Das Explosionsschutzdokument muss darauf eingehen. ☐
B Möglichst in eigenen Räumen oder mindestens 2,5 m brandlastfrei halten. ☐
C Möglichst in kleinen Räumen oder mindestens 1 m brandlastfrei halten. ☐
D Oberhalb (bis zur Decke) der Anlagen dürfen keine brennbaren Gegenstände, etwa eine Kabelbühne, verlegt werden. ☐

315. Was ist bei der Verwendung von reinem Sauerstoff in Gasflaschen zu beachten?

A Angerostete Ventile aus Stahl können unter reinem Sauerstoff explodieren, deshalb müssen sie immer gut geölt oder eingefettet sein. ☐
B Die Flaschen dürfen nie mit Öl oder Fett in Berührung kommen, vor allem nicht die Gewinde. ☐
C Sie müssen nicht standsicher aufgestellt werden, da das Gas nicht brennbar ist. ☐
D Sie dürfen auch in Treppenräumen gelagert werden (da das Gas nicht brennbar ist), wenn sie gegen Umfallen gut gesichert sind. ☐
E Wenn die Kosten keine Rolle spielen, darf man sich Schweiß von der Haut oder auch Schmutz von der Kleidung damit wegblasen. ☐

316. Darf man Sauerstoff-Gasflaschen mit Acetylen-Gasflaschen gemeinsam lagern?

A Ja. ☐
B Nein. ☐
C Nur bis je 25 Flaschen. ☐
D Nur im Freien. ☐

317. Ab wann wird ein leeres Fass mit 200 l Fassungsvolumen explosionsgefährlich?

A Wenn 2 ml Benzin hineingegeben werden. ☐
B Wenn 2 cl Benzin hineingegeben werden. ☐
C Wenn 2 dl Benzin hineingegeben werden. ☐
D Wenn 2 l Benzin hineingegeben werden. ☐
E Wenn 20 l Benzin hineingegeben werden. ☐

318. Wie lässt sich elektrostatische Aufladung verhindern?

A Das ist nicht nötig, denn damit kann man sich zwar Schmerzen zufügen, aber keine Brände oder gar Explosionen auslösen. ☐
B Erhöhung der Luftfeuchtigkeit. ☐
C Erdungsmaßnahmen vornehmen. ☐
D Besonderen Bodenbelag wählen. ☐

319. Was ist die <u>häufigste</u> Todesursache bei Bränden?

A Synergie-Wirkungen von Pyrolysegasen, Sauerstoffentzug und Hitze. ☐
B Rauchgas CO ☐
C Rauchgas CO_2 ☐
D Kohlensäure H_2CO_3 ☐
E Flammen ☐
F Selbstrettungsversuch ☐
G Hitze ☐
H Orientierungslosigkeit ☐

320. Was wissen Sie über sog. Notduschen?

A Diese dienen ausschließlich dem Schutz von Personen im Labor, die sich gefährliche Chemikalien übergeschüttet haben. ☐
B Damit kann sich jeder löschen, wenn die Kleidung oder die Haare brennen. ☐
C Sie müssen von einer zweiten Person ausgelöst werden, während die gefährdete Person darunter steht. ☐
D Notduschen sind ein Relikt der 70er Jahre, sie gibt es praktisch nicht mehr seit der Erfindung der Löschdecke. ☐

321. Was kann passieren, wenn reiner Sauerstoff in/unter die Kleidung gerät?

A Das kann den Schweiß und Schmutz gut wegblasen. ☐
B Erhöhte Sauerstoffzufuhr führt kurzfristig zu erhöhten Arbeitsleistungen. ☐
C Die Person kann sich aufgrund von geringsten Zündenergien (z. B. Elektrostatik, Zigarettenglut) explosionsartig entzünden und sterben – auch noch nach zwei Stunden! ☐
D Es besteht kein erhöhtes Gefahrenpotential. ☐

322. Welcher der folgenden Punkte ist der effektivste?

A Personenschutz (PSA = Persönliche Schutzausrüstung, z. B. gegen Hitzestrahlung). ☐
B Beseitigen oder kapseln der Gefahrenquelle. ☐
C Bauliche und anlagentechnische Maßnahmen. ☐
D Private Zusatzversicherungen für die Mitarbeiter abschließen. ☐

323. Was bedeutet „Zone 1" im Explosionsschutz?

A Rauchverbot ☐
B Hier werden brennbare Flüssigkeiten auch bearbeitet. ☐
C EX-geschützte Elektroanlagen nötig. ☐
D Verbote und Gefahren sind auszuschildern. ☐

324. Was bedeutet „Zone 2" im Explosionsschutz?

A Reine Lagerung von brennbaren Flüssigkeiten, kein Umfüllen oder be- und verarbeiten. ☐
B Die Elektroanlagen können, müssen aber nicht EX-geschützt sein. ☐
C Die Elektroanlagen müssen EX-geschützt sein. ☐
D Verbote und Gefahren sind auszuschildern. ☐

325. Welche Maßnahmen werden Sie in Ihrem Betrieb als Brandschutzbeauftragter als erstes umsetzen? Nennen Sie mindestens fünf wichtige Themen.

____

____

326. Wo und wie lagert man größere Mengen brennbarer Gase?

A In eigens dafür vorgesehenen Räumlichkeiten mit Be- und Entlüftung, die vom Freien aus zugänglich sind. ☐
B In Räumen, die feuerbeständige Türen (T 90-RS) haben. ☐
C Man darf diese Gase grundsätzlich immer auch im Keller lagern, wenn es dort keine Aufenthaltsbereiche für Personen gibt. ☐
D Wenn es nicht mehr als 15 Flaschen mit maximal je 20 l Volumen sind, erlaubt die TRGS 510 sogar die Lagerung an Arbeitsplätzen. ☐

327. Es beginnt gerade zu brennen, die Feuerwehr ist noch nicht vor Ort und Sie befinden sich in einem Hochhaus. Was trifft zu?

A Wenn die Treppenbereiche noch nicht betroffen sind, sollte man schnell noch mit dem Aufzug hinabfahren. ☐
B Aufzüge sind jetzt (wenn die Treppenräume rauchfrei sind) für ältere und benachteiligte Personen frei zu halten. ☐
C Man darf keinen der „normalen" Aufzüge verwenden, nur den Feuerwehraufzug. ☐
D Bei einem Brand darf man keinen der Aufzüge verwenden, bei einer Gebäuderäumübung jedoch schon. ☐
E Aufzüge sind tabu! ☐

328. Wie kann man die Gefahr durch Aktivitäten von Mitarbeitern von Fremdfirmen reduzieren?

A Fremdfirmen verbieten, alles selber machen. ☐
B Vorherige Kontaktaufnahme und Information, welche Arbeiten anstehen und welche Mittel eingesetzt und eingebracht werden. ☐
C Ggf. einen Erlaubnisschein für feuergefährliche Arbeiten vorlegen. ☐
D Einen Koordinator (DGUV Vorschrift 1, § 6) stellen. ☐

329. Welche Aussage/n über Brandrauch ist/sind falsch?

A Brandrauch ist für Raucher weniger gefährlich als für Nichtraucher. ☐
B Brandrauch ist grundsätzlich für alle Menschen, unabhängig vom Alter, Geschlecht oder Gesundheitszustand, sehr schnell tödlich. ☐
C Brandrauch nimmt die Sicht, kann sehr heiß werden und ist schädlich, aber nicht tödlich. ☐
D Wenn es brennt, entstehen primär Pyrolysegase und Hitze, kaum Brandrauch. ☐

330. Welche Gefahren können von Notstromakkumulatoren ausgehen?

A Sie können brennen, auch die Ladegeräte. ☐
B Die Dämpfe können explosionsfähig werden. ☐
C Es können grundsätzlich keine Gefahren ausgehen. ☐
D Primär eine Umweltgefahr. ☐
E Die Dämpfe sind nicht vermeidbar; sie sind nicht brennbar, aber giftig für den Menschen. ☐

331. Sie wohnen im 4. Obergeschoss, es brennen Zeitungen, Abfall und ein Kinderwagen im verrauchten Treppenraum. Welches Verhalten ist richtig?

A In der Wohnung bleiben, Ruhe bewahren und abwarten, bis das Feuer ausgeht. ☐
B In der Wohnung bleiben, Ruhe bewahren und die Feuerwehr rufen. ☐
C Möglichst zügig das Gebäude verlassen und an allen Türen läuten. ☐
D Mit einer feuchten Decke/Jacke über dem Kopf die Wohnung verlassen, die Tür zuziehen, aber nicht versperren und die Mieter über die Gebäudeklingel warnen. ☐
E Die Wahrscheinlichkeit ist so gering, dass damit nicht gerechnet werden muss. ☐

332. Nachts brennt ein Flachdach von einer Halle in ca. 100 m Entfernung. Sie sehen das von Ihrem Balkon aus. Was ist richtig?

A Ich bin mit meinem 12-kg-Feuerlöscher schneller dort als die Feuerwehr, deshalb renne ich hin und lösche. ☐
B Ich rufe Polizei und THW, die sich der Sache annehmen. ☐
C Ich wähle 112 und melde den Brand. ☐
D Da sicherlich andere den Brand erkennen und melden, mache ich nichts. ☐

333. Wie beurteilen Sie die Brandgefahr von Zink-Kohle-Batterien im Vergleich zu Lithium-Ionen-Batterien?

A Identisch. ☐
B Lithium-Ionen-Batterien sind gefährlicher. ☐
C Zink-Kohle-Batterien sind gefährlicher. ☐
D Beide sind völlig harmlos. ☐

334. Geht von entleerten Lithium-Ionen-Batterien noch eine Brandgefahr aus?

A Nein, sie sind ja leer. ☐
B Ja. ☐
C Nur, wenn mindestens 100 Stück zusammen gelagert sind. ☐
D Die Brandgefahr ist sogar deutlich höher als bei neuen und vollen Batterien. ☐

335. Können sich Lithium-Ionen-Batterien selbst entzünden?

A Ja. ☐
B Nein. ☐
C Nur, wenn sie von außen gezündet werden. ☐
D Nur bei einem Kurzschluss. ☐

336. Wie entsorgt man Lithium-Ionen-Batterien am sichersten?

A Über den Hausmüll. ☐
B Eigene Behälter und separierte Entsorgung. ☐
C Eigene Behälter, beide Pole abkleben und separierte Entsorgung. ☐
D Über den Restmüll. ☐

337. Ist die Lithium-Ionen-Batterie von einem Smartphone brandgefährlich?

A Nein, die Energiemenge ist zu gering. ☐
B Ja. ☐
C Nicht bei neuwertigen Geräten. ☐
D Nur, wenn schwerentflammbare Gegenstände in unmittelbarer Nähe sind. ☐

338. Wo findet man (unverbindliche) Empfehlungen zur Lagerung von Lithium-Ionen-Batterien?

A VdS 3103 ☐
B Landesbauordnung ☐
C TRGS 510 ☐
D TRGS 509 ☐
E ASR A2.2 ☐

339. Was kann Lithium-Ionen-Batterien zum Brennen bringen?

A Chemisch-elektrische Vorgänge innerhalb der Batterie. ☐
B Ein Überladen. ☐
C Die Lagerung an brennbaren Verpackungsmitteln. ☐
D Die Lagerung oberhalb 7,50 m. ☐

340. Welche Lithium-Ionen-Batterien können sich gefährlich entzünden?

A Nur solche ab 1 kg Gewicht. ☐
B Alle, also auch Knopfzellen. ☐
C Nur überalterte Batterien. ☐
D Keine, das passiert nur bei Zink-Kohle-Batterien. ☐

341. Welche Vorgänge gefährden Lithium-Ionen-Batterien?

- A Hitze ☐
- B Kälte ☐
- C Harte Schläge. ☐
- D Überladen. ☐
- E Eingedrungene Feuchtigkeit. ☐
- F Tiefentladung. ☐

4. Baulicher Brandschutz

342. Manche Bundesländer fordern bei Gebäuden der Gebäudeklasse 1, 2 oder 3 keinen Nachweis des Brandschutzes. Wer ist hier für die Einhaltung des baulichen Brandschutzes verantwortlich?

A Ausschließlich der Bauherr. ☐
B Die Baubehörde, in Verbindung mit der Feuerwehr. ☐
C Der Entwurfsverfasser bzw. Architekt, ggf. auch der Bauherr. ☐
D Die Verantwortung liegt ausschließlich beim Nutzer, ggf. also beim Mieter. ☐

343. Was muss bei der Planung eines Gebäudes brandschutztechnisch berücksichtigt werden?

A Brandentstehung und Brandausbreitung muss vorgebeugt werden. ☐
B Die Rettung von Lebewesen und wirksame Löscharbeiten müssen möglich sein. ☐
C Die Feuerwehr muss, zumindest bei Neubauten, immer an jedes Gebäude mit der Drehleiter heranfahren können. ☐
D Wärmemelder oder Rauchmelder mit eingebauten Alarmsirenen zur Alarmierung vor Ort sind für Lagerbereiche mittlerweile Pflicht. ☐

344. Wobei handelt es sich um einen Sonderbau?

A Gebäude ab 23 m Dachhöhe. ☐
B Krankenhäuser ☐
C Kioske ☐
D Kaufhäuser bis 750 m^2. ☐
E Kaufhäuser ab 750 m^2. ☐

345. Die DIN EN 13501 ersetzt die DIN 4102, dennoch sind Baustoffe und Bauteile nach DIN 4102 nach wie vor erlaubt. Welche Abkürzung steht in der DIN 4102 für „schwerentflammbar“?

A A1 ☐
B A2 ☐
C B1 ☐
D B2 ☐

346. Wie werden Bauteile mit einer Feuerwiderstandsfähigkeit von mindestens 1,5 Stunden genannt?

- A Diese Einstufung gibt es nicht, es gibt nur 30 Minuten, 1 Stunde und 2 Stunden. ☐
- B Feuerhemmend ☐
- C Hochfeuerhemmend ☐
- D Feuerbeständig ☐
- E Hochfeuerbeständig ☐

347. Welche Anforderungen müssen Treppenraumwände in der Gebäudeklasse 5 erfüllen?

- A Sie müssen in der Bauart von Brandwänden errichtet sein. ☐
- B Sie müssen ausnahmslos der Klasse B3 nach der DIN 4102 entsprechen. ☐
- C Sie müssen ohne Öffnungen für Fenster sein. ☐
- D Die nach innen ins Gebäude ragenden Türen müssen feuerbeständig sein und immer in Fluchtrichtung aufschlagen. ☐

348. Welche Bezeichnungen sind im Brandschutz üblich?

- A Feuerfest ☐
- B Feuersicher ☐
- C Feuerhemmend ☐
- D Hochfeuerhemmend ☐
- E Feuerbeständig ☐

349. Was ist ein Baustoff?

- A Baustoffe sind formlose Roh- und Ausgangsmaterialien zum Herstellen von Bauteilen und Gebäuden. ☐
- B Baustoffe sind geformte Teile eines Gebäudes, etwa ein Fenster mit Rahmen, eine Treppe oder eine Fertiggarage. ☐
- C Baustoffe müssen immer nicht brennbar sein, um eine Zulassung zu erhalten. ☐
- D Baustoffe sind ausschließlich Wasser, Zement und Sand. ☐

350. Was ist ein Bauteil?

- A Ein Bauteil ist ein Gebäude. ☐
- B Ein Bauteil ist ein aus Baustoffen geformtes Teil eines Gebäudes, etwa ein Fenster mit Rahmen, eine Treppe oder eine Fertiggarage. ☐

C Ein Bauteil ist ein Brandabschnitt eines Gebäudes. ☐
D Bauteile sind Hilfsmittel und -stoffe, um ein Gebäude zu errichten. ☐

351. Durch eine Trennwand oder Decke führt ein Lüftungskanal. Dort muss eine Brandschutzklappe einen Feuerübergang verhindern. Welche Feuerwiderstandsdauer muss diese Klappe erfüllen?

A Falsch, eine Klappe ist hier nicht nötig, denn der Blechkanal reicht aus, um einen Feuerübergang effektiv zu verhindern. ☐
B K 30 ☐
C K 90 ☐
D Mindestens die gleiche Feuerwiderstandsfähigkeit wie die Wand. ☐

352. Wie muss eine innenliegende Brandwand in einem Gebäude knapp unterhalb der Hochhausgrenze im Dachbereich zum gleich hohen Nachbarhaus ausgelegt werden?

A Die Wand muss mindestens 30 cm über Dach geführt werden oder beiderseitig mindestens 50 cm feuerbeständig und nichtbrennbar ausgelegt sein (es dürfen keine Brandlasten darüber führen). ☐
B Die Wand muss mindestens 50 cm über Dach geführt werden. ☐
C Die Wand ist, sofern sie aus brennbarem Material besteht, im sichtbaren Dachbereich mit Blech einzuhausen. ☐
D Es gibt keine Bestimmung, die dies regelt. ☐

353. Wie lange darf maximal die Fluchtweglänge in einem Gebäude nach der jeweiligen LBO sein?

A 30 m ☐
B 35 m ☐
C 40 m ☐
D Bei Raumhöhen ab 7,5 m darf der Fluchtweg um 50 % verlängert werden. ☐

354. Wo endet die Längenmessung der Fluchtweglänge nach der jeweiligen LBO?

A Beim Übertritt zum öffentlichen Grund. ☐
B Immer beim Austritt aus dem Gebäude. ☐

C Beim Eintritt in den Treppenraum, beim Durchschreiten einer Brandwand in einen anderen Brandabschnitt oder auch beim Ausgang aus einem Gebäude. ☐
D Pauschal nach 40 m. ☐

355. Wann braucht man sog. notwendige Flure?

A In Wohnungen ab 250 m^2 Wohnfläche. ☐
B In Einfamilienhäusern ab 400 m^2 Wohnraum. ☐
C Innerhalb von Großraumbüros bis 400 m^2. ☐
D In Gebäuden der Gebäudeklasse 3, 4 oder 5. ☐

356. Wie lange darf ein sog. notwendiger Flur maximal sein, ohne dass eine Rauchschutztür folgen muss?

A 30 m ☐
B 35 m ☐
C 40 m ☐
D Ist der Flur brandlastfrei, dann darf er sogar 50 m lang sein; dann muss jedoch keine Rauchschutztür, sondern eine Brandschutztür folgen. ☐

357. Welche Anforderung gibt es an Türen, die notwendige Flure unterteilen?

A Dicht, respektive rauchdicht (je nach Bundesland). ☐
B Selbstschließend ☐
C Nicht absperrbar. ☐
D Feuerhemmend ☐
E Immer mit Glaseinsatz. ☐

358. Welche Anforderungen müssen die Wände notwendiger Flure mindestens erfüllen?

A Mindestens feuerhemmend und in Kellergeschossen, deren tragende und aussteifende Bauteile feuerbeständig sein müssen, feuerbeständig. ☐
B Unabhängig der Gebäudeklasse immer feuerbeständig. ☐
C Bei weniger als 7 kWh/m^2 Brandlasten gibt es keine Anforderungen. ☐
D Sie müssen massiv gemauert sein. ☐

359. Sind brennbare Einbauten in sog. notwendigen Fluren zulässig?

A Ja, das ist zulässig. ☐
B Nein das ist nicht zulässig. ☐
C Bis 35 kWh/m^2 Brandlast ist das grundsätzlich ohne Bedenken zulässig. ☐
D In Gebäuden bis 13 m Höhe (= GK 4) kann das geduldet werden. ☐

360. Wie sind Fenster mindestens anzuordnen, wenn sie den zweiten Rettungsweg ausmachen?

A Sie müssen immer zum Boden reichen und brauchen dort eine Vergitterung (Absturzsicherung). ☐
B Je nach Bundesland gibt es die Anforderung an die lichte Breite von 60 oder 90 cm. ☐
C Je nach Bundesland gibt es die Anforderung an die lichte Höhe von 100 oder 120 cm. ☐
D 60 cm zu 90 cm reicht aus, wenn die untere Kante bei 1,5 m liegt. ☐
E Fenster sind als zweiter Rettungsweg grundsätzlich verboten, da man körperlich beeinträchtigte Personen hierüber nicht retten kann. ☐

361. Stellen nicht brennbare Lüftungsleitungen in einem komplexen Gebäude eine Gefahr dar?

A Nein, denn sie sind nicht brennbar. ☐
B Nur, wenn sie noch eingeschaltet/aktiviert sind – deshalb werden sie im Brandfall ausgeschaltet. ☐
C Ja, Feuer und auch Rauch kann sich hierüber ausbreiten. ☐
D Wenn sie einen Durchschnitt von d_n = 80 mm nicht überschreiten, können sich Flammen und Rauchgase nicht ausbreiten, dann sind sie auch nicht einzukoffern oder mit Brandschutzklappen zu versehen. ☐

362. Was lässt sich über Um- und Zuluftanlagen sagen?

A Sie sind zur Entrauchung im Brandfall effektiv. ☐
B Sie haben keine brandschutztechnische Relevanz. ☐
C Rauch darf dadurch nicht auf andere Bereiche verteilt werden. ☐
D Sie sind bei Neubauten verboten; es ist immer über Raumfenster zu be- und entlüften und auch zu entrauchen. ☐

363. Welches Wartungsintervall ist bei Brandschutzkappen üblich?

A 3 Monate ☐
B 6 Monate ☐
C 12 Monate ☐
D 18 Monate ☐
E 24 Monate ☐

364. Was kennzeichnet eine sog. rauchdichte Tür?

A Die Tür ist im geschlossenen Zustand auf allen Seiten dicht. ☐
B Die Tür muss selbstschließend sein (oder mittels Rauchmelder und Elektromagnet im Falle des Auftretens von Rauch automatisch geschlossen werden). ☐
C Die Tür muss selbstschließend sein (oder mittels Rauchmelder und Elektromagnet im Falle des Auftretens von Rauch automatisch geschlossen werden) und ein definiertes Feuer für mindestens 30 Minuten (= T 30) abhalten können. ☐
D Wenn Glas in diesen Türen enthalten ist, so darf dies lediglich aus F 30-Verglasung bestehen. ☐

365. Welche Normen sind für das Brandverhalten von Baustoffen und Bauteilen relevant?

A DIN EN 13501, DIN 41 02 ☐
B DIN EN 3 ☐
C DIN 14 095 ☐
D DIN 14 096 ☐
E DIN EN 114 ☐
F DIN EN 501 ☐

366. Wie groß dürfen Öffnungen in innenliegenden Brandwänden maximal sein?

A Solange sie feuerhemmend und selbstschließend sind, gibt es hierfür keine Regelung. ☐
B So groß, wie es für die Nutzung erforderlich ist. ☐
C Maximal 10 % der Gesamtfläche der Brandwand, selbstschließende und feuerhemmende Tore von 4 m lichter Breite und 2,5 m lichter Höhe sind jedoch immer erlaubt. ☐
D Das ist nicht geregelt. ☐

367. Wie müssen Öffnungen in innenliegenden Brandwänden ausgeführt sein?

A Mindestens feuerhemmend und selbstschließend. ☐
B Mindestens feuerbeständig und selbstschließend. ☐
C Bei feststehenden (d. h. nicht zu öffnenden) Verglasungen sind auch G 90-Scheiben in zugelassenen Rahmen erlaubt. ☐
D Hierzu gibt es keine exakten, verbindlichen Vorgaben. ☐

368. Ab wann greift die (Muster)-Versammlungsstättenverordnung?

A Ausschließlich bei öffentlichen Veranstaltungen. ☐
B Bei privaten Feiern ab 100 Personen. ☐
C Bei Versammlungen, wo in verschiedenen, nicht zusammenhängenden Räumen eines Gebäudes mit separaten Fluchtwegen mehr als 200 Personen anwesend sind. ☐
D Bei Versammlungen, wo in einem Raum mehr als 200 Personen anwesend sind. ☐
E Bei Versammlungen, auf denen kleine Kinder anwesend sind und/oder wo Alkohol ausgegeben wird. ☐

369. Wie breit müssen Fluchtwege nach der (Muster)-Versammlungsstättenverordnung mindestens sein?

A 100 cm je 100 Personen. ☐
B 90 cm je 60 Personen. ☐
C 120 cm je 200 Personen, dann je 100 Personen zuzüglich 60 cm. ☐
D 60 cm für 50 Personen, 120 cm für 100 Personen usw. ☐

370. Ihre Betriebsversammlung mit ca. 600 Personen wird in der dafür leer geräumten Lagerhalle abgehalten. Was gilt?

A Der zweite Fluchtweg muss baulich gegeben sein. ☐
B Die Stühle müssen miteinander verbunden werden. ☐
C Die Veranstaltung ist behördlich nur dann anzumelden und muss nur dann genehmigt werden, wenn auch Partner und Familienangehörige (also betriebsfremde Personen) an der Veranstaltung teilnehmen. ☐
D Die (Muster)-Versammlungsstättenverordnung greift erst bei 2 000 Personen, insofern gibt es keine besonderen Vorgaben hierfür. ☐

371. Was gilt in einer Garage mit lediglich 750 m² für die Mitarbeiter?

A Müll darf in dieser Garage gelagert werden, weil es sich noch nicht um eine sog. Großgarage handelt. ☐
B Man darf lediglich zugelassene Fahrzeuge dort abstellen, keine abgemeldeten Autos. ☐
C Motorräder und Motorroller dürfen grundsätzlich dort nicht abgestellt werden. ☐
D Dort ist lediglich das Abstellen von Fahrzeugen erlaubt, sonst keine anderen Aktivitäten. ☐

372. Ein Sonderbau ist u.a.:

A Eine Verkaufsstätte im Erdgeschoss ab 2 000 m². ☐
B Ein Kino mit mehr als 200 Sitzplätzen. ☐
C Eine ebenerdige Kinderkrippe für 15 Kinder. ☐
D Ein Großraumbüro. ☐

373. Welche Verordnung hat die höchsten Brandschutzanforderungen?

A Die (Muster)-Versammlungsstättenverordnung. ☐
B Die Muster-Industriebaurichtlinie. ☐
C Die Garagenverordnungen der Länder. ☐
D Die Gartenbauverordnungen der Länder. ☐

374. Welche baulichen Maßnahmen begrenzen Brände räumlich?

A Brandwände, feuerhemmende Wände und Brandschutztüren. ☐
B Entrauchungsanlagen ☐
C Wandhydranten und Handfeuerlöscher. ☐
D Brände räumlich zu begrenzen ist nicht die Aufgabe des baulichen Brandschutzes, sondern die Flucht von Menschen im Brandfall zu ermöglichen. ☐

375. In welchem Abstand fordert die Musterbauordnung eine Brandwand (unabhängig, ob innen- oder außenliegend)?

A 30 m ☐
B 35 m ☐
C 40 m ☐
D Innenliegende Brandwände werden nicht gefordert, lediglich außenliegende, an der Grundstücksgrenze. ☐

376. Wie hoch darf ein Gebäude der Gebäudeklasse 5 (GK 5) maximal sein?

A Dachgiebel ≤ 22 m. ☐
B Fußboden des nicht ausgebauten Dachraums ≤ 22 m. ☐
C Fußbodenoberkante des höchstgelegenen Geschosses, in dem ein Aufenthaltsraum möglich ist, ≤ 22 m. ☐
D Fensteroberkante der Ebene mit dem höchsten Aufenthaltsraum ≤ 22 m. ☐

377. Wie hoch darf ein Gebäude der Gebäudeklasse 4 (GK 4) maximal sein?

A Dachgiebel ≤ 13 m. ☐
B Fußboden des nicht ausgebauten Dachraums ≤ 13 m. ☐
C Fußbodenoberkante des höchstgelegenen Geschosses, in dem ein Aufenthaltsraum möglich ist, ≤ 13 m. ☐
D Fußboden des ausgebauten Dachraums ≤ 22 m. ☐
E Fußboden des ausgebauten Dachraums ≤ 7 m. ☐
F Fußboden des ausgebauten Dachraums ≤ 23 m. ☐
G Fensteroberkante der Ebene mit dem höchsten Aufenthaltsraum ≤ 13 m. ☐

378. Welche Glasscheibenarten dürfen in innenliegende Brandwände eingebaut sein?

A G 30 ☐
B G 90 ☐
C Verglasungen in solchen Wänden sind absolut verboten. ☐
D F 90 ☐
E F 30 ☐

379. Was ist laut Muster-Industriebaurichtlinie möglich?

A Kinos dürfen dort errichtet werden. ☐
B Möbelhäuser werden nach der Muster-Industriebaurichtlinie errichtet. ☐
C Sehr große Grundflächen für industrielle oder gewerbliche Nutzung, ohne Brandwände nach 40 m. ☐
D Je nach Summe der Brandlasten, der Anzahl der Etagen, der Gebäudeauslegung und der Installation einer Sprinklerung kann man sogar über 60 000 m² große Gebäude ohne separierte Brandbereiche bilden. ☐

380. Was gilt für Baustoffe, die der Baustoffklasse A 1 und A 2 zugeordnet sind?

A A 1 ist nicht brennbar, A 2 ist brennbar. ☐
B A 1 ist bis 1 000 °C nicht brennbar, A 2 ist auch oberhalb 1 000 °C nicht brennbar. ☐
C A 1 ist schwer entflammbar, A 2 ist normal entflammbar. ☐
D A 1 ist schwer entflammbar, A 2 ist leicht entflammbar. ☐
E Beide sind nicht brennbar. ☐
F A 1 ist schwer entflammbar, A 2 normal entflammbar. ☐

381. Was unterscheidet Baustoffe B 1 von Baustoffen B 2?

A B 1 ist nicht brennbar, B 2 ist brennbar. ☐
B B 1 ist bis 1 000 °C nicht brennbar, B 2 ist auch oberhalb 1 000 °C nicht brennbar. ☐
C B 1 ist schwerentflammbar, B 2 ist normalentflammbar. ☐
D B 1 ist schwerentflammbar, B 2 ist leichtentflammbar. ☐
E Beide sind nicht brennbar bzw. nicht entflammbar. ☐
F B 1 ist brennbar und somit entflammbar, B 2 ist nicht entflammbar. ☐

382. Was ist ein sog. notwendiger Flur?

A Das ist der Treppenraum vom Eingang eines Gebäudes bis zu den Türen der jeweiligen Nutzungseinheiten. ☐
B Das ist die Verbindung von Treppenraum zu den jeweiligen Nutzungseinheiten. ☐
C Das ist der Bereich vor den Räumen einer Wohnung bis zur Wohnungseingangstür. ☐
D Ein notwendiger Flur unterscheidet sich nicht von einem Flur. Flure sind meist längliche Räume ohne Aufenthaltsbereiche. ☐

383. Wie muss in einem Büro in einem Gebäude mit lediglich 32 m Höhe der zweite Flucht- und Rettungsweg beschaffen sein?

A Drehleiter der Feuerwehr. ☐
B Zweiter Treppenraum oder ein sog. Sicherheitstreppenraum. ☐
C Tragbare Leiter der Feuerwehr (Steck- oder Schiebeleiter). ☐
D Sprungtuch oder Sprungkissen. ☐
E Rettungsschlauch. ☐
F Ein zweiter Flucht- und Rettungsweg ist dort nicht nötig. ☐

384. Wie muss eine Gebäudeausgangstür beschaffen sein?

A Sie muss in Fluchtrichtung aufschlagen. ☐
B Sie muss immer so versperrt sein, dass man sie von innen, nicht aber von außen öffnen kann (Panikbeschlag). ☐
C Sie muss von innen einfach und leicht zu öffnen sein. ☐
D Es muss sich um eine T 30-Tür handeln, die von innen jederzeit (so lange Personen anwesend sind) zu öffnen ist. ☐

385. Welche Gebäude fallen nicht unter den Begriff „Sonderbau"?

A Ein Gebäude, dessen Dach 22 m hoch ist. ☐
B Ein erdgeschossiges Gebäude, in dem ein Kino mit lediglich 220 Plätzen (und vier direkten Ausgangstüren) enthalten ist. ☐
C Ein Wohnhaus mit einer Gasheizung. ☐
D Ein Altenheim mit 40 Zimmern, verteilt auf zwei Ebenen. ☐

386. Was bedeuten die folgenden Abkürzungen in der DIN 4102?

A F 30 A =
B F 30 B =
C F 60 =
D F 90-BW =
E F 60 B =

387. Welche vorbeugenden Schutzmaßnahmen gegen Wärmeeinwirkungen im Brandfall gibt es für Bauteile aus Stahl?

A Stahl ist nicht brennbar und hält hohe Temperaturen deshalb problemlos aus. ☐
B Stahl kann unter bestimmten Voraussetzungen durch eine Lackierung feuerhemmend und sogar feuerbeständig ausgelegt werden. ☐
C Stahl ist feuerbeständig, wenn er dick genug ist. ☐
D Stahl kann in Beton gegossen werden, damit lassen sich die Klassen F 30, F 60 und F 90 erreichen. ☐
E Stahl kann auch mit Gipsfaserkartonplatten feuerhemmend oder feuerbeständig ausgelegt werden. ☐

388. Welche Forderungen finden sich in der jeweiligen Landesbauordnung?

A Keine, diese werden vom Architekten bzw. Brandschutz-Fachplaner festgelegt. ☐
B Gebäude sind so anzuordnen und zu erreichen, dass die Sicherheit und Ordnung, insbesondere Leben und Gesundheit, nicht gefährdet werden. ☐
C Gebäude dürfen aus Brandschutzgründen nie direkt an die Grundstücksgrenze gebaut werden. ☐
D Nutzungseinheiten mit Aufenthaltsmöglichkeit benötigen zwei voneinander unabhängige Flucht- und Rettungswege. ☐

389. Was gilt für sog. notwendige Flure?

A Man hält sie grundsätzlich frei. ☐
B Dort werden keine Strom- und Datenleitungen offen an der Decke verlegt. ☐
C Die abgehenden Türen müssen feuerhemmend sein. ☐
D Ein Kopierer je Flur ist akzeptabel. ☐

390. Für Aufenthaltsräume oberhalb vom Erdgeschoss trifft Folgendes zu:

A Jedes Fenster muss von der Feuerwehr erreichbar sein. ☐
B Jede Nutzungseinheit mit Aufenthaltsmöglichkeit braucht mindestens ein für die Feuerwehr erreichbares Fenster, wenn der zweite Flucht- und Rettungsweg nicht anders gestellt werden kann. ☐
C Ein sog. Sicherheitstreppenraum kann einen zweiten Fluchtweg überflüssig machen. ☐
D Sind zwei voneinander getrennt liegende Treppenräume vorhanden, dann ist es erlaubt, dass diese ein sog. notwendiger Flur verbindet, und das sind dann der erste und der zweite Fluchtweg. ☐

391. Ein Baustoff wird nach DIN 41 02 als B 1 klassifiziert. Was bedeutet das?

A Nicht brennbar ☐
B Schwerentflammbar ☐
C Feuerhemmend ☐
D Leichtentflammbar ☐

392. Für Türen in innenliegenden Brandwänden gilt:

A Sie müssen nicht brennbar und feuerhemmend sein. ☐
B Rauchdichte und selbstschließende Türen reichen aus. ☐
C Sie müssen feuerbeständig und selbstschließend sein. ☐
D In Brandwänden sind keine Türen erlaubt. ☐

393. Treppenräume der Gebäudeklasse 5 benötigen Wände in der Bauart von Brandwänden. Wie müssen die Türen zu abgehenden sog. notwendigen Fluren sein?

A T 30 ☐
B T 90 ☐
C T 30-RS ☐
D Vollwandig, rauchdicht (RS) und selbstschließend. ☐

394. Darf es in Treppenräumen der Gebäudeklasse 4 einen brennbaren Bodenbelag geben?

A Ja, solange er nicht leichtentflammbar ist. ☐
B Ja, solange er schwerentflammbar ist. ☐
C Ja, auf dem Boden sind sogar normalentflammbare Beläge erlaubt. ☐
D Nein, lediglich nicht brennbare Beläge wie Keramikfliesen oder Marmorplatten. ☐

395. Darf es in Treppenräumen der Gebäudeklasse 5 eine brennbare Wandbekleidung geben?

A Ja. ☐
B Nein. ☐
C Wenn sie schwerentflammbar ist schon, sonst nicht. ☐
D Das hängt vom Brandschutzkonzept ab. ☐

396. Benötigt ein Bürogebäude für 210 Personen und mit 12 m Gebäudehöhe eine Notbeleuchtung im Treppenraum?

A Ja, immer. ☐
B Ja, weil über 200 Personen in dem Gebäude sind. ☐
C Nein. ☐
D Nur, wenn der Treppenraum über einen Flur ins Freie führt. ☐

397. Ihr Büro grenzt direkt an ein weiteres Büro an. Was ist richtig?

A Die Strom- und Datenleitungen müssen beim Mauerdurchbruch geschottet sein. ☐
B Es darf eine nicht rauchdichte und nicht selbstschließende Verbindungstür in der Trennwand geben. ☐
C Wenn in der Wand eine Verglasung angebracht ist, so muss es sich um Brandschutzglas handeln. ☐
D In beiden Büros muss es je einen Handfeuerlöscher geben. ☐

398. Welche Vorgaben macht die jeweilige Landesbauordnung für Müllräume in Gebäuden der Gebäudeklasse 5?

A Wände und Türen müssen feuerbeständig sein. ☐
B Wände und Decken müssen feuerbeständig sein. ☐
C Die Zugangstür ins Gebäudeinnere muss mindestens feuerhemmend sein. ☐
D Dieser Raum benötigt eine feuerhemmende Tür, die direkt ins Freie führt. ☐

399. Welche Mengen an brennbaren Gegenständen dürfen in einer Tiefgarage mit 1600 m² lagern?

A Nur solche Mengen, die unerheblich sind und zum Fahrzeugzubehör gehören. ☐
B Maximal 20 l Benzin. ☐
C Maximal ein Fass mit 200 l Diesel. ☐
D Überhaupt nichts. ☐

400. Wie sind Flure im Unternehmen auszulegen?

A Sie sollen ausreichend breit und nicht länger als 30 m (Rauchabschnitt) sein. ☐
B Rettungswege benötigen immer eine Notbeleuchtung. ☐
C Rettungswege müssen 120 cm breit und maximal 40 m lang sein. ☐
D Für die Ausbildung von Fluren gibt es keine verbindlichen Vorgaben. ☐

401. Was bedeutet „feuersicher"?

- A Der Begriff ist nicht üblich im Brandschutz. ☐
- B Feuerhemmend ☐
- C Nicht brennbar ☐
- D Feuerbeständig und nicht brennbar ☐
- E F 30 ☐
- F F 60 ☐
- G F 90 ☐

402. Was bedeutet „feuerfest"?

- A Feuerwiderstandsdauer ≥ 60 min. ☐
- B Feuerwiderstandsdauer ≥ 90 min. ☐
- C Feuerwiderstandsdauer ≥ 120 min. ☐
- D Diese Bezeichnung gibt es nicht im Brandschutz. ☐
- E Brandwände müssen feuerfest sein so wie die Wände um Treppenräume. ☐

403. Was bedeutet „feuerhemmend"?

- A Ein Bauteil fällt nach ziemlich exakt 30 Minuten im Brandfall zu 100 % aus. ☐
- B Definierte Mindestanforderungen eines Bauteils werden bei einer Beflammung mindestens eine halbe Stunde erfüllt. ☐
- C Feuerbeständig nach F 90. ☐
- D Hochfeuerbeständig nach F 60. ☐

404. Was bedeutet „feuerbeständig"?

- A Feuerfest ☐
- B F 90 und nicht brennbar. ☐
- C Definierte Mindestanforderungen eines Bauteils werden bei einer Beflammung mindestens eineinhalb Stunden erfüllt. ☐
- D Feuersicher ☐

405. Ein Bürogebäude verfügt über sechs Etagen oberhalb vom Kellergeschoss und einen konventionellen Treppenraum an der Außenwand (Entrauchungsfenster, selbstschließende Rauchschutztüren). Das Gebäude verfügt über ein begehbares Flachdach, das allseitig eingezäunt ist. Das Gebäude ist nicht anfahrbar für die Feuerwehr, allerdings führt ein allseits befestigter Laufsteg auf dem Dach zum Dach des Nachbargebäudes und von dort nach unten. Wie bewerten Sie dies?

A Der erste Fluchtweg führt ins Treppenhaus, von dort nach unten und ins Freie; der zweite Fluchtweg führt ebenfalls über dieses Treppenhaus, allerdings nach oben auf das Dach des Nachbargebäudes. Da zwei Treppenräume über einen Flur führen dürfen (und somit der Flur die Schwachstelle bildet), ist es auch erlaubt, dass ein Treppenraum zu beiden Fluchtwegen führt. ☐

B Der erste Fluchtweg führt ins Treppenhaus nach unten, der zweite ist nicht gegeben. Dieser mangelbehaftete Zustand ist als erheblich einzustufen, hier muss Abhilfe geschaffen werden, z. B. durch Anbau einer Fluchtleiter. ☐

C So sehen deutschlandweit viele Gebäude aus, das ist rechtskonform. Kein Mangel, kein Verstoß. ☐

D Man kann (da das Gebäude niedriger als 30 m ist) den Treppenraum leicht mit dem Einbau einer Belüftung zu einem sog. Sicherheitstreppenraum umrüsten; dies entspricht der aktuellen Muster-Hochhaus-Richtlinie (MHHR). ☐

406. Welche Türen dürfen in innenliegende Brandwände eingebaut werden?

A Es ist verboten, in innenliegende Brandwände Türen einzusetzen, unabhängig von deren Qualität. ☐

B T 30 ☐

C T 60 ☐

D T 90, besser noch T 90-RS. ☐

E Rauchschutztüren (RS-Türen). ☐

F Dichte Türen (dT). ☐

G Rauchdichte Türen (RD-Türen). ☐

H Vollwandige, dichte und selbstschließende Türen (VdS-Türen). ☐

407. Was muss eine Brandwand, unabhängig davon, ob innen- oder außenliegend, leisten können?

A Sie muss Feuer ausreichend lang und sicher abhalten/zurückhalten. ☐

B Sie muss nach einem Brand noch stehen, selbst wenn ein Teil des Gebäudes einstürzen sollte und die Feuerwehr mit Wasser die Wand bespritzt hat. ☐

C Durch das aufschäumende Beschichtungsmittel muss die Wand den Brand kühlen, im Idealfall löschen können. ☐

D Es reicht aus, wenn sie in der Gebäudeklasse 4 feuerhemmend (F 60) und in der Gebäudeklasse 5 feuerfest (F 90) ausgelegt ist. ☐

408. In einer außen liegenden Brandwand eines Gebäudes ist eine Tür. Wie muss diese beschaffen sein?

A T 30 ☐

B T 90 ☐

C Dies ist nicht erlaubt. ☐

D Schleuse mit zwei T 90 Türen hintereinander. ☐

E T 90-RS ☐

409. In einer außen liegenden Brandwand eines Gebäudes ist eine Verglasung. Wie muss diese beschaffen sein?

A F 90-Glasscheiben, in zugelassenem Rahmen. ☐

B F 30-Glasscheiben, in zugelassenem Rahmen. ☐

C G 90-Verglasung, in zugelassenem Rahmen. ☐

D G 90-Verglasung, in zugelassenem Rahmen. ☐

E Verglasungen sind verboten. ☐

F Die Verglasung muss selbstschließend im Brandfall sein. ☐

G Die Verglasung darf nicht zu öffnen sein. ☐

410. Vom sog. notwendigen Treppenraum geht es im 5. Obergeschoss in einen sog. notwendigen Flur. Von diesem Flur in ein Büro. Wie muss diese Tür zwischen Flur und Büro beschaffen sein?

A T 90 ☐

B T 30-RS ☐

C T 30-RD ☐

D T 30 ☐

E T 60 ☐

F Mindestens dichtschließend bzw. rauchdicht schließend. ☐

411. Vom sog. notwendigen Treppenraum im Gebäude der GK 5 führt eine Tür in das Kellergeschoss. Wie muss diese Verbindungstür ausgelegt sein?

A Dicht und selbstschließend. ☐
B Rauchdicht und selbstschließend. ☐
C T 30 (bzw. T 30-RS) ohne selbstschließende Funktion. ☐
D T 30 bzw. T 30-RS (je nach Bundesland), mit selbstschließender Funktion. ☐
E T 90 (bzw. T 90-RS), da es sich um die GK 5 handelt und die Treppenraumwand in der Bauart einer Brandwand ausgeführt sein muss. ☐

412. Ein Lager im Keller wird demnächst als Produktionsraum genutzt. Was ist zu ändern?

A Auf jeden Fall eine hellere Beleuchtung. ☐
B Es ist ein zweiter Fluchtweg nötig, z.B. ein Ausstieg aus dem Fenster. ☐
C Der Flur ist nun ein sog. notwendiger Flur, d.h. er muss brandlastfrei gehalten werden. ☐
D Durchbrüche für Rohre und Leitungen zwischen Flur und Raum sind zu schotten. ☐
E Die angrenzenden Wände zu anderen Bereichen müssen nun einer bestimmten Feuerwiderstandsdauer entsprechen. ☐

413. Was fordert die Muster-Hochhaus-Richtlinie – MHHR?

A Es muss einen zweiten Fluchtweg geben, der immer baulich gegeben ist. ☐
B Es gibt keine solche Verordnung. ☐
C Handfeuerlöscher für die Nutzungseinheiten, mindestens jedoch im Keller. ☐
D Feuerwehrzufahrt für alle Nutzungseinheiten (je mindestens ein Fenster). ☐

414. Was unterscheidet den zweiten Fluchtweg in einem Wohnhaus im 3. Obergeschoss vom zweiten Fluchtweg in einem Großkaufhaus im 3. Obergeschoss?

____

____

415. Was fordert die Muster-Bürogebäude-Bauordnung?

A Eine Bauordnung mit diesem Namen gibt es nicht. ☐
B Der zweite Fluchtweg muss aus der Drehleiter der Feuerwehr bestehen. ☐
C Notstrombeleuchtete Fluchtwege (Treppen, Flure). ☐
D Wasserlöscher für Feststoffbrände, Schaum- oder Pulverlöscher für Heizungsanlagen, Löscher mit Kohlendioxid für Gerätebrände bis 1 000 Volt. ☐

416. Was ist laut Muster-Industriebaurichtlinie möglich?

A Einkaufscenter mit großen und unterschiedlichen Geschäften. ☐
B Kinocenter mit mehreren Kinos. ☐
C Hotels und sog. Erlebnis-Restaurants errichten in offener Bauweise. ☐
D Sehr große Grundflächen ohne Brandwände für die gewerbliche oder industrielle Nutzung. ☐

417. Welche Abkürzung steht in der DIN 4102 für „normal entflammbar"?

A A1 ☐
B A2 ☐
C A3 ☐
D B1 ☐
E B2 ☐
F B3 ☐
G C1 ☐
H REI-M 90 ☐

418. Wie bezeichnet man eine innen- oder außenliegende Brandwand nach DIN EN 13501 in einem Gebäude der Gebäudeklasse 5?

A F 90-BW ☐
B REI-M 90 ☐
C F 180-A ☐
D r.L. 90 min ☐

419. Ein Bauteil muss feuerhemmend sein. Ist es erlaubt, dieses aus einem brennbaren Material herzustellen?

A Ja, wenn es der Klasse A2 entspricht. ☐
B Ja. ☐
C Nein. ☐
D Nur in Gebäuden der Gebäudeklassen 1, 2 oder 3. ☐

420. Welche Anforderungen müssen die tragenden und aussteifenden Bauteile für Gebäude der Gebäudeklasse 5 erfüllen?

A Feuersicher ☐
B Feuerhemmend ☐
C Hochfeuerhemmend ☐
D Feuerbeständig ☐

421. Wann müssen die tragenden und aussteifenden Bauteile im Dachgeschoss Anforderungen an die Feuerwiderstandsfähigkeit erfüllen?

A Wenn oberhalb davon noch Aufenthaltsräume möglich sind. ☐
B Grundsätzlich nie. ☐
C Wenn ein Gebäude der Gebäudeklasse 4 oder 5 entspricht. ☐
D Pauschal immer feuerhemmend. ☐
E GK 1, 2 und 3: feuerhemmend, GK 4: hochfeuerhemmend, GK 5: feuerbeständig. ☐

422. Wo sind in Gebäuden Trennwände nötig, die eine brandschutztechnische Eigenschaft haben?

A Zum Abschluss von Räumen mit erhöhter Brandgefahr. ☐
B Zum Abschluss von Räumen mit Explosionsgefahr. ☐
C Immer zwischen Büroeinheiten desselben Nutzers. ☐
D Zwischen Aufenthaltsräumen im Keller und anders genutzten Räumen. ☐

423. Darf auf einen Fahrschacht um einen Lift verzichtet werden, wenn die Anlage in einem Treppenraum liegt?

A Nein, hier ist die Wand um den Aufzug besonders wichtig, um die Treppe passierbar zu halten. ☐
B Ja, innerhalb eines notwendigen Treppenraumes. ☐
C In den Gebäudeklassen 1–3 schon, sonst nicht. ☐
D Liftanlagen und Treppenräume sind immer feuerbeständig gegenseitig abzutrennen. ☐

424. Sind Öffnungen in innenliegenden Brandwänden zugelassen und wenn „ja“, in welch maximalen Abmessungen und in welcher Qualität?

A In keiner Größe, dies ist verboten. ☐
B 2 m^2 (d. h. eine Tür mit 1 m Breite zu 2 m Höhe). ☐
C Maximal 14 m^2 (eine Tür mit 1 m Breite und 2 m Höhe und ein Tor für den Stapler mit max. 4 m Breite und 3 m Höhe). ☐
D Maximal 18 m^2 (eine Tür mit 1 m Breite und 2 m Höhe und ein Tor für den Stapler mit max. 4 m Breite und 4 m Höhe). ☐
E Ja, aber nur so groß, wie für die Nutzung erforderlich und feuerbeständig. ☐

425. Wie viele Rauchmelder sind nötig für die Ansteuerung einer zweiflügeligen Brandschutztür mit 2,8 m Breite, wenn es vom Sturz bis zur Decke 2,4 m vertikal gemessen sind?

A 1 Stück, unten am Sturz. ☐
B 2 Deckenmelder (einer auf jeder Seite) und einer unten am Sturz. ☐
C 2 Deckenmelder auf jeder Seite und zwei Melder unten am Sturz (auf jeder Seite einer). ☐
D 2 Stück am Sturz unten. ☐

426. In einer geschlossenen Garage im 2. Untergeschoss mit 1 200 m^2 werden zwei Stellplätze entfernt, um dort Büromüll (Papier) zu lagern. Wie bewerten Sie dies?

A Das ist verboten. ☐
B In geschlossenen Metallbehältern ist das erlaubt, denn die Brandlasten entsprechen in etwa denen eines Fahrzeugs. ☐
C Wenn Fremde (Besucher, Dritte) nicht in die Garage kommen können, ist das erlaubt, sonst verboten. ☐
D Das ist pauschal erlaubt und stellt keinen Verstoß dar. ☐

427. Der Architekt will keine normalentflammbaren, sondern schwerentflammbare Baustoffe für den Neubau verwenden.

A Das ist besser als nichts, ich unterstütze das Vorhaben. ☐
B Ich will, dass nicht brennbare Baustoffe eingebaut werden. ☐
C Das ist verboten. ☐
D Zwischen schwerentflammbaren und nicht brennbaren Baustoffen ist der Unterschied kaum gegeben, d. h. es ist egal, was eingebaut wird. ☐

428. Ein sog. „gefangener Raum" ist ...

A ... ein Aufenthaltsraum in einer Justizvollzugsanstalt. ☐
B ... ein verschlossener Raum. ☐
C ... ein Aufenthaltsraum, dessen erster Fluchtweg nicht direkt ins Freie, nicht direkt in einen Treppenraum oder nicht direkt in einen notwendigen Flur führt, sondern über einen anderen Raum. ☐
D ... ein Aufenthaltstraum, dessen Fluchtweg länger als 35 m ist. ☐

429. Jeder Aufenthaltsbereich oberhalb vom Erdgeschoss in einem professionellen Bürogebäude benötigt ...

A ... ein von der Feuerwehr erreichbares Fenster. ☐
B ... einen zweiten Treppenraum als zweiten Fluchtweg. ☐
C ... notstrombeleuchtete Ausgangsschilder. ☐
D ... zwei voneinander unabhängige Flucht- bzw. Rettungsmöglichkeiten. ☐

430. Wie muss ein Ausgang aus einer großen Versammlungsstätte ausgestattet sein?

A Mit einem Panikbeschlag. ☐
B ≥ 120 cm lichte Breite. ☐
C In Fluchtrichtung aufschlagend oder in Rettungsrichtung aufschlagend. ☐
D Innen ausgeschildert. ☐
E Keine Klinke, sondern eine horizontal liegende Stange zum Öffnen der Tür in Fluchtrichtung. ☐
F In Fluchtrichtung öffnend. ☐

431. Innen- oder außenliegende Brandwände in hohen Gebäuden knapp unterhalb der Hochhausgrenze müssen u.a:

A ≥ 180 min. ein definiertes Feuer abhalten. ☐
B ≥ 90 min. ein definiertes Feuer abhalten. ☐
C ≥ 180 min. Rauch abhalten. ☐
D ≥ 60 min. Rauch abhalten. ☐

432. Was passiert durch das Baugenehmigungsverfahren?

- A Ein Gebäude wird für jede beliebige Nutzung freigegeben. ☐
- B Es werden grundlegende, auch brandschutztechnische Anforderungen für ein Gebäude definiert. ☐
- C Architektonische und nutzungsbedingte Gegebenheiten werden verbindlich festgelegt. ☐
- D Ein Gebäude erhält für 12 oder 15 Jahre die Betreibergenehmigung. ☐

433. Notieren Sie jeweils ein Beispiel, wie die nachfolgend genannten Ziele der Landesbauordnungen erreicht werden können.

Forderung	Entstehung eines Brands vermeiden	Ausbreitung von Feuer vorbeugen	Ausbreitung von Rauch vorbeugen	Rettung von Menschen ermöglichen	Rettung von Tieren ermöglichen	Wirksame Löscharbeiten ermöglichen
Beispiel						

434. Ein Gang im 3. OG eines Verwaltungsbaus ist 39 m lang. Benötigt man in diesem eine Tür, und wenn ja, welche Anforderungen sind an diese Tür zu stellen?

- A Ja, eine Brandschutztür muss nach 40 m gemäß der jeweiligen LBO folgen, die rauchdicht und selbstschließend ausgelegt sein muss. ☐
- B Ja, eine Rauchschutztür wird nach spätestens 30 m benötigt, die selbstschließend und nicht abschließbar sein muss. ☐
- C Nein, wenn der Treppenraum mittig sitzt – dann ist der Fluchtweg nämlich kürzer als 35 m. ☐
- D Es wird eine Tür gefordert, die von beiden Seiten mittels sog. Panikverschluss geöffnet werden kann. ☐

435. Wann muss Heizöl in separaten Räumen außerhalb der Heizanlage gelagert werden?

- A Immer. ☐
- B Ab 3 500 l. ☐
- C Ab 5 000 l. ☐
- D Nie. ☐
- E Ab 50 000 l. ☐

436. Nennen Sie fünf Beispiele für geregelte Sonderbauten und eine aus der jeweiligen Sonderbauverordnung stammende brandschutztechnische Vorgabe (sofern in Ihrem Bundesland vorhanden):

Gebäude					
Forderung					

437. Wie sieht ein regelkonformer „1. Flucht- und Rettungsweg" und ein regelkonformer „2. Flucht- und Rettungsweg" aus?

Gebäude	Erster Fluchtweg	Zweiter Fluchtweg
Wohnhaus		
Hochhaus		
Verkaufsstätte		
Kindergarten		
Kino		
Versammlungsstätte		

438. Welche Punkte lassen sich an einer Brandschutztür überprüfen? Nennen Sie mindestens vier Punkte.

____

____

439. Welche Räumlichkeiten gelten als Aufenthaltsräume?

A Pausenräume ☐
B Büroräume ☐
C Wohnräume ☐
D Schlafzimmer ☐
E Werkstätten ☐
F Umkleideräume ☐
G Toilettenräume ☐
H Technikräume ☐
I Lagerräume, die chaotisch angefahren werden. ☐
J Abstellräume ☐

440. Welche brandschutztechnischen Komponenten müssen in einer Großgarage realisiert sein? Nennen Sie mindestens drei Punkte.

____

____

441. Können eine Sprinkleranlage und eine automatische Entrauchungsanlage den zweiten Fluchtweg als Kompensationsmöglichkeit ersetzen?

A Nein. ☐
B Ja, das ist sogar besser, weil sicherer. ☐
C Ja, wenn die Baubehörde hierbei die Zustimmung gibt. ☐
D Ja, wenn sowohl Baubehörde als auch Berufsgenossenschaft und Gebäudeversicherer zustimmen. ☐

442. Im Keller eines Gebäudes der Gebäudeklasse 5 gilt:

A Es darf keine Gasheizung vorhanden sein. ☐
B Lüftungs- und Kälteräume sind dort verboten. ☐
C Die Tür zum Treppenraum muss selbstschließend und feuerhemmend sein. ☐
D Die einzelnen Raumtüren, die hier vom notwendigen Flur abgehen, müssen alle feuerhemmend sein. ☐

443. Welche Zahl/en ist/sind richtig, entsprechend der jeweiligen Landesbauordnung?

A Man braucht nach 40 m (in Rheinland-Pfalz: 60 m) eine Brandwand in einem Gebäude. ☐
B Man braucht in einem sog. notwendigen Flur nach spätestens 30 m eine Rauchschutztür. ☐
C Ein Fluchtweg darf nicht länger als 35 m sein. ☐
D Man braucht nach 35 m eine Brandwand. ☐
E Man braucht nach 25 m in notwendigen Fluren eine Rauchschutztür. ☐
F Ein Fluchtweg darf nicht länger als 40 m sein. ☐

444. Müssen Treppenräume entraucht werden können, die innen im Gebäude an einer Gebäudeaußenwand liegen?

A Ja, aber nur ganz oben (in Wohngebäuden 1 m^2, in Bürogebäuden 1,5 m^2). ☐
B Nein. ☐

C Je Ebene immer mindestens ein zu öffnendes Fenster mit $\geq 1\ m^2$. ☐

D Je Ebene immer mindestens ein zu öffnendes Fenster mit $\geq 0{,}5\ m^2$. ☐

445. Muss man 5 m hohe Ausstellungsräume im Erdgeschoss eines Gebäudes entrauchen können, und wenn ja, warum?

____

____

446. Was ist die größte Schwachstelle bei innenliegenden Brandwänden der Gebäudeklasse 4?

A Die geringe Feuerwiderstandsdauer der Wand. ☐

B Geschlossene Brandschutztüren der Klassifizierung T 30. ☐

C Offene Brandschutztüren und nicht korrekt abgeschottete Leitungsdurchbrüche und ebensolche Rohrleitungsführungen. ☐

D Brandwände haben keine Schwachstellen. ☐

E Der Bereich der Wand in der Decke. ☐

F Der Bereich der Wand in der Außenfassade, weil die Fenster seitlich nahe herangeführt werden dürfen. ☐

447. Wie müssen Kabel- und Rohrleitungen durch Wände und Decken ausgeführt sein, wenn es an diese Wände bzw. Decken brandschutztechnische Anforderungen gibt?

A Bei mehrtägigen Arbeiten müssen diese Öffnungen über Nacht geschlossen werden, z. B. mit geeigneten Kissenschotts. ☐

B Sie müssen mindestens die gleiche Qualität haben wie das sie umgebende Bauteil (in der Regel F 90). ☐

C Bis 8 cm Durchmesser gibt es keine Anforderungen, weil ein Feuer durch einen so kleinen Spalt nicht durchkommt. ☐

D Es ist nicht erlaubt, solche Öffnungen herzustellen, auch wenn sie wieder verschlossen werden. ☐

448. Wie muss der Treppenraum in einem Gebäude der Gebäudeklasse 5 ausgestattet sein?

A Zu notwendigen Fluren mindestens dichte bzw. rauchdichte und selbstschließende Türen. ☐
B Mindestens feuerhemmende Türen zum nicht ausgebauten Dachraum. ☐
C Wand- und Deckenverkleidungen dürfen schwerentflammbar sein. ☐
D Notstromversorgte Entrauchungsöffnungs-Ansteuerung. ☐

449. In einem Gebäude mit fünf Etagen oberhalb des Erdgeschosses gilt:

A Geschossdecken müssen mindestens feuerbeständig sein. ☐
B Schulungsräume für viele Personen sind nur dann oberhalb vom Erdgeschoss erlaubt, wenn der zweite Fluchtweg baulich gegeben ist. ☐
C Geschossdecken müssen mindestens hochfeuerhemmend sein. ☐
D Es muss eine Schleuse mit zwei Türen zum Treppenraum führen. ☐

450. Welche Anforderungen gibt es an innenliegende Brandwände der Gebäudeklasse 5?

A Hohe mechanische Stabilität. ☐
B Feuerbeständig ☐
C Alle Öffnungen müssen mindestens auch feuerbeständig sein (also auch T 90-Türen anstatt T 30-Türen). ☐
D Sie müssen mindestens 30 cm über Dach geführt werden oder beiderseitig je mindestens 50 cm feuerbeständig sein. ☐
E Es dürfen keine Brandlasten darüber geführt werden. ☐
F Sie dürfen nur aus nicht brennbaren Bestandteilen bestehen. ☐

451. Welche Baustoffe dürfen grundsätzlich bei einem Sonderbau Verwendung finden?

A Das ist nicht weiter geregelt. ☐
B Das wird vom Architekten oder vom Brandschutz-Fachplaner festgelegt. ☐
C Schwerentflammbare Stoffe sind erlaubt. ☐
D Normalentflammbare Stoffe sind erlaubt. ☐

E Leichtentflammbare Stoffe sind nur bis zu einer Dicke von 28 mm erlaubt. ☐
F Nicht brennbare Baustoffe und Bauteile. ☐

452. Warum muss man innenliegende Brandwände bei vielen Gebäudearten 30 cm (Gebäude nach LBO) oder 50 cm (Industriebauten) über Dach führen?

A Damit die Feuerwehr von außen bereits sehen kann, wo ein Brandabschnitt beginnt bzw. endet. ☐
B Das ist nicht gefordert; ein feuerbeständiger Abschluss mit der Dachhaut reicht voll aus. ☐
C Die Alternative wäre das feuerbeständige Auslegen des Dachs auf je mindestens 50 cm rechts und links der Wand. ☐
D Die Zahlen stimmen nicht, die Brandwand muss immer über Dach geführt werden, und zwar 70 cm. ☐
E Damit sich ein Feuer nicht über das Dach ausbreiten kann. ☐

453. Was ist der Unterschied zwischen einem „Brandabschnitt" und einem „Rauchabschnitt"?

A Es gibt keinen, beide meinen dasselbe (vergleichbar den Begriffen „Brandschutztür" und „Feuerschutztür"). ☐
B Die Größe: Brandabschnitte sind 1 600 m² groß, Rauchabschnitte exakt die Hälfte davon. ☐
C Brandabschnitte müssen mindestens 1 000 °C Temperatur abhalten können, Rauchabschnitte lediglich 150 °C. ☐
D Brandabschnitte halten Feuer, Rauch, Pyrolysegase und Wärme zurück, Rauchabschnitte müssen primär Rauch und Pyrolysegase zurückhalten können. ☐

454. In einem notwendigen Flur sind zahlreiche Leitungen an der Decke verlegt. Wie bewerten Sie dies?

A Duldbar, wenn der zweite Fluchtweg baulich gegeben ist. ☐
B Das ist kein Verstoß. ☐
C Das kann geduldet werden, wenn es dort auch Wärmemelder oder Rauchmelder mit Sirenen gibt. ☐
D Es muss eine Decke in der Qualität F 30 oder höherwertig darunter gehängt werden. ☐
E Es muss eine F 90-Decke darunter gehängt werden. ☐
F Die Leitungen können dort auch in eigenen Kanälen verlegt werden, die mindestens feuerhemmend ausgebildet sind. ☐

455. Eine Brandwand muss, je nach Material, × cm dick sein. Darf man diese Dicke unterschreiten?

A Ja, für Stahlträger, die eingebaut werden. ☐
B Ja, für Wandhydranten, die in die Wand eingebaut werden. ☐
C Ja, für Verteilerdosen, die in der Wand eingebaut werden. ☐
D Nein. ☐

456. Was zählt nach der DIN 4102 zu der Baustoffklasse A1 und A2?

A Holzwolle ☐
B Holz, 4 cm dick. ☐
C Glas ☐
D Sand ☐
E Gipskartonplatte ☐
F Mauerwerk ☐
G Tapezierte Betonwand. ☐

457. Welches Material ist unter Brandschutzaspekten im Vorteil? Holz oder Stahl?

A Weder noch, beides ist äußerst negativ. ☐
B Stahl, weil er nicht brennbar ist. ☐
C Holz, weil es im Brandfall eher stehen bleibt und nicht ohne Vorankündigung zusammenbricht (wie eine Stahlhalle im Brandfall). ☐
D Beide Stoffe verhalten sich im Brandfall nahezu identisch, d. h. es ist egal. ☐

458. Welche Aussagen über G-Verglasungen und F-Verglasungen sind richtig?

A G-Verglasungen sind preiswerter, lassen aber so viel Wärmestrahlung durch, dass leichtentflammbare Gegenstände auf der dem Feuer abgewandten Seite entzündet werden können. ☐
B G-Verglasungen lassen Rauch und Wärmestrahlen durch, nicht aber Temperatur und Flammen. ☐
C F-Verglasungen sind minderwertiger, man sollte die exklusiveren und sichereren G-Verglasungen wählen. ☐
D F-Verglasungen sind Brandschutzverglasungen mit zusätzlich einbruchhemmender Wirkung, G-Verglasungen sind Brandschutzverglasungen mit zusätzlich strahlungshemmender Wirkung. ☐

459. Was zählt zu den Baustoffen B3 (nach DIN 4102)?

- A Nur solche, die in Sonderbauten eingesetzt werden dürfen. ☐
- B Solche, die in Deutschland überhaupt nicht eingebaut werden dürfen. ☐
- C Baustoffe, die beschichtet auf feuerhemmenden Wänden diese zu feuerbeständigen Wänden machen können. ☐
- D Glas und Stahl. ☐
- E Küchen-Arbeitsplatten ab 3,5 cm Dicke. ☐

460. Welche Türen müssen permanent oder im Brandfall automatisch selbstschließend sein?

- A Brandschutztüren T 30. ☐
- B Brandschutztüren T 90. ☐
- C Brandschutztüren T 120. ☐
- D Dichte Türen. ☐
- E Rauchschutztüren. ☐

461. Zur Dämmung stehen PU (Polyurethan) und Steinwolle zur Auswahl. Welche Aussage/n ist/sind richtig?

- A PU dämmt besser, ist aber brandgefährlich. ☐
- B Steinwolle ist nicht brennbar und bei etwas größerer Dicke wird der Dämmwert ähnlich gut wie bei PU. ☐
- C PU ist zwar ca. 50 % teurer als Steinwolle, doch das lässt sich durch die Energieeinsparung beim Heizen aufgrund des besseren Dämmwerts schnell wieder ausgleichen. ☐
- D Beide Stoffe sind grundsätzlich identisch beim Brandverhalten und bei den Anschaffungskosten. ☐

462. Was ist ein sog. Sicherheitstreppenraum?

- A Ein Personenschutztreppenraum (Security), um gefährdete prominente Personen vor Anschlägen zu schützen. ☐
- B Ein Treppenraum, in dem Sprinklerköpfe montiert sind. ☐
- C Ein Treppenraum mit einer Turbo-Abluftanlage. ☐
- D Ein Treppenraum, in den nach menschlichem Ermessen im Brandfall kein Brandrauch eindringen kann, selbst bei fahrlässigem Verhalten wie dem Aufkeilen von Zugangstüren. ☐
- E So einen Treppenraum gibt es nicht. ☐
- F Jede Treppe, die in einem Treppenraum/Treppenhaus liegt, wird als sog. Sicherheitstreppenraum bezeichnet. ☐

463. Die Ausgangstür aus einem Büro ins Freie ist im lichten Maß 90 cm breit. Wie beurteilen Sie das?

- A Das ist zu wenig. ☐
- B Die Breite muss immer mindestens 120 cm betragen. ☐
- C Die Breite muss immer mindestens 100 cm betragen. ☐
- D Das ist akzeptabel. ☐

464. Ein Bürogebäude verfügt über einen umlaufenden Balkon mit Fenster-Ausstiegsöffnungen und Absteigemöglichkeit an den beiden Enden nach unten. Ist das als zweiter Flucht- und Rettungsweg zugelassen?

- A Ja. ☐
- B Nein. ☐
- C Nur, wenn man einen Antrag auf Abweichung stellt. ☐
- D Nur, wenn das Gebäude nicht höher als 13 m (GK 4) ist. ☐

465. Die Ausgangstür aus einem Kino mit 25 Reihen je 19 Sitzplätzen schlägt nach innen auf. Wie beurteilen Sie das?

- A Das ist gesetzeskonform. ☐
- B Das ist zwar nicht mehr genehmigungsfähig, kann aber im Bestand geduldet werden. ☐
- C Das muss geändert werden (Aufschlagrichtung der Ausgangstür in Fluchtrichtung). ☐
- D Wenn es zwei weitere Ausgangstüren gibt in jeweils andere Bereiche, ist das korrekt. ☐

466. Was ist ein „nicht innenliegender, notwendiger Treppenraum"?

- A Eine Treppe, bei der keine der sie umgebenden Wände eine Außenwand darstellt (also innen in einem Gebäude liegend). ☐
- B Eine Treppe, deren Wände in einem Gebäude liegen und von denen mindestens eine Wand eine Außenwand darstellt (mit Fenstern zum Entlüften und ggf. auch Entrauchen). ☐
- C Das ist eine sog. notwendige Treppe, die nötig ist, um eine oberirdische Nutzungseinheit verlassen zu können. ☐
- D Eine Treppe, die direkt außen an der Fassade nach unten führt. ☐

467. Die Ausgangstür eines Büros schlägt gegen die Fluchtrichtung auf. Ist das korrekt?

A Nein, hier kann es im Panikfall zu Verletzen kommen. deshalb muss sie immer in Fluchtrichtung aufschlagen. ☐
B Das weicht von LBO zu LBO ab, da Brandschutz in Deutschland Ländersache ist. ☐
C Ja, das ist erlaubt, kein Verstoß gegen die LBO. ☐
D Wenn man einen Antrag auf Abweichung stellt und diesen genehmigt bekommt, kann der Zustand geduldet werden. ☐

468. Braucht ein unterkellertes Einfamilienhaus mit 2 Ebenen oberhalb vom EG (1. OG ausgebaut, 2. OG = DG, nicht ausgebaut) mit je 80 m²/Ebene einen zweiten Fluchtweg?

A Ja, auf allen vier Ebenen. ☐
B Ja, auf allen Ebenen oberhalb vom EG. ☐
C Ja, im EG (Fenster zum Aussteigen) und im 1. OG mindestens ein anleiterbares Fenster. ☐
D Nein, das ist nicht nötig. ☐

469. Sind Stufen in Fluchtwegen erlaubt?

A Ja, wenn es mehr als zwei sind. ☐
B Nein. ☐
C Ja. ☐
D Ja, aber nur eine Stufe mit bis zu 12 cm Höhe. ☐

470. Braucht man um Treppen in Gebäuden Treppenräume?

A Ja, immer. ☐
B Nein, nie. ☐
C Ja, sobald es oberhalb vom 1. Obergeschoss noch Aufenthaltsbereiche gibt und wenn es insgesamt mehr als 2 Nutzungseinheiten gibt. ☐
D Wenn man zwei Treppen hat, dann nicht. ☐

471. Wenn ein Raum erhöhte Brandlasten oder eine Explosionsgefahr aufweist, was ist dann zu tun?

A Besonders achtsam sein. ☐
B Feuerbeständige Wände, Decken und Böden installieren. ☐
C Mindestens feuerhemmende Zugangstüren installieren. ☐
D Sprinklerschutz installieren. ☐

472. Kann man Stromleitungen beim Durchgang durch feuerbeständige Wände schotten?

A Ja, aber nur mit Beton. ☐
B Nein. ☐
C Es gibt zugelassene, verschiedene Schottsysteme, die feuerbeständig sind. ☐
D Es gibt zugelassene, verschiedene Schottsysteme, die feuerbeständig, aber nicht rauchdicht sind. ☐
E Es gibt zugelassene, verschiedene Schottsysteme, die maximal feuerhemmend sind. ☐
F Es gibt sogar gasdichte Abtrennungen, die bis zu 2,5 bar Überdruck aushalten und sogar in F 260 eingestuft sind. ☐

473. Was prüft man an einer Brandschutztür (T 30-1)?

A Schließfähigkeit, Schließzeit, Beschädigungen, Dichtungen, offensichtliche Mängel u.a.m. ☐
B Nichts, zugelassene Brandschutztüren müssen nicht geprüft werden. ☐
C Zusätzlich auch den Schließfolgeregler. ☐
D Ob die 11-stellige Zulassungsnummer der Brandschutztür eine Verwendung noch erlaubt. ☐

474. Braucht eine Wohnung einen zweiten Fluchtweg?

A Ja, immer. ☐
B Ja, ab 100 m^2 Wohnfläche. ☐
C Nein. ☐
D Nur, wenn in einem Gebäude mehr als zwei Wohnungen vorhanden sind. ☐

475. Sind Stahlanstriche (Lacke) möglich, die ungeschützten Stahl feuerbeständig (F 90) machen?

A Ja. ☐
B Nein, nicht mal F 30 ist möglich (nur mit GK-Platten oder Beton). ☐
C Nein, aber F 30 kann erreicht werden mit Lacken. ☐
D Ja, aber nur, wenn die Temperatur im Brandfall 500 °C nicht überschreiten kann. ☐

476. Was bedeuten die Buchstaben in der DIN EN 13501?

A R =
B E =
C I =
D M =
E S =
F W =
G C =
H P =

477. Welche Verordnung enthält maßgebliche Regelungen für die nachfolgend genannten Gebäude?

A Wohngebäude =
B Bürogebäude =
C Industriehalle =
D Lagerhalle mit 12 m Lagerhöhe und 500 m^2 Fläche =
E Kaufhaus mit 600 m^2 =
F Kaufhaus mit 1 000 m^2 =
G Kaufhaus mit 2 200 m^2 =
H Kino =
I Hotel =
J Fußballstadion =
K Museum =

478. Welche Ziele hat die jeweilige Landesbauordnung (LBO) hinsichtlich des Brandschutzes? Nennen Sie mindestens drei.

____

____

479. Welche Nachteile haben dicke, offene Stahlträger?

A Keine, sie sind extrem tragfähig. ☐
B Sie können sich ausdehnen und Gebäudewände zum Einsturz bringen. ☐
C Sie sind brandschutztechnisch nicht klassifiziert (nicht mal feuerhemmend). ☐
D Stahl setzt Dioxine frei, wenn er erhitzt wird – das gefährdet vor allem die Feuerwehrleute. ☐

480. Im EG eines kleinen Gebäudes ist eine Autowerkstatt mit Tankstelle, im 1. OG ist ein Büro und im 2. OG (= Dachgeschoss) wohnt der Hausmeister. Wie ist das Gebäude zu klassifizieren?

A Gebäudeklasse 3, Sonderbau ☐
B Gebäudeklasse 6, Sonderbau ☐
C Gebäudeklasse 3 ☐
D Gebäudeklasse 2 ☐
E Sonderbau nach der Tankstellenbauverordnung ☐

481. Wie viele vollwertige Etagen oberhalb des Erdbodens darf ein Industriebau nach der IndBauRL maximal haben?

A 0 ☐
B 1 ☐
C 2 ☐
D 3 ☐
E 4 ☐
F 5 ☐
G 6 ☐

482. Was braucht eine sehr große Industriehalle?

A Wandhydranten ☐
B Feuerwehrpläne ☐
C Brandschutzbeauftragte ☐
D Anfahrt für die Feuerwehr ☐
E Handfeuerlöscher ☐

5. Anlagentechnischer Brandschutz

483. In welchen Bereichen braucht man eine trockene oder eine vorgesteuerte Sprinkleranlage?

A In Bereichen, die über 100 °C heiß werden können, z. B. in Saunen. ☐

B In Bereichen, wo es unter 0 °C kalt werden kann, z. B. auf Rampen im Freien. ☐

C In Bereichen, wo es über 50 °C heiß werden kann. ☐

D Solche Anlagen sind in der DIN EN 2 nicht mehr geregelt, also nicht mehr Stand der Technik; sie sollten nicht mehr eingebaut werden, bestehende sollten umgerüstet werden. ☐

484. Wie sehen Entlüftung und somit auch Entrauchung von Treppenräumen aus, die an mindestens einer Außenwand liegen?

A Je Ebene muss es ein Fenster mit mindestens 0,5 m^2 lichter Öffnungsfläche geben, im Erdgeschoss genügt die Gebäudeausgangstür. ☐

B Je Ebene muss es ein Fenster mit mindestens 1,0 m^2 lichter Öffnungsfläche geben, im Erdgeschoss genügt die Gebäudeausgangstür. ☐

C Wenn der zweite Fluchtweg baulich gegeben ist, benötigen solche Treppenräume keine zu öffnenden Fenster. ☐

D Es genügt ein Oberlicht von mindestens 1 m^2 an möglichst oberster Stelle. ☐

485. Innenliegende Treppenräume benötigen unter bestimmten Bedingungen eine händisch auszulösende Entrauchungsvorrichtung. Wo muss diese Handauslösung platziert sein?

A Immer nur im Erdgeschoss. ☐

B Immer in jedem Geschoss. ☐

C Immer am obersten Treppenabsatz und auf der Ausgangsebene (meist EG). ☐

D Im Erdgeschoss direkt am Eingang, damit die Feuerwehr beim Eintreffen entrauchen kann. ☐

486. Was sind ortsfeste (also stationäre), automatische Brandlöschanlagen?

- A Wandhydranten, wenn sie flächendeckend angebracht sind. ☐
- B Sprinkleranlagen. ☐
- C Manuell auszulösende Sprühwasserlöschanlagen. ☐
- D Automatisch über Detektoren angesteuerte Schaumlöschanlagen. ☐
- E Automatische Pulverlöschanlagen. ☐

487. Eine Sprinkleranlage hat rote Platzgefäße; bei welcher Temperatur lösen diese aus?

- A Ab ca. 68 °C Umgebungstemperatur. ☐
- B Ab ca. 68 °C Temperatur der roten Flüssigkeit. ☐
- C Bei ca. 58 °C Deckentemperatur. ☐
- D Bei ca. 144 °C Temperatur des Sprinklerkopfs. ☐

488. Eine Sprinkleranlage hat blaue Platzgefäße; bei welcher Temperatur lösen diese aus?

- A Ab ca. 68 °C Umgebungstemperatur. ☐
- B Ab ca. 68 °C Temperatur der roten Flüssigkeit. ☐
- C Bei ca. 58 °C Deckentemperatur. ☐
- D Bei ca. 144 °C Temperatur der Sprinklerflüssigkeit. ☐

489. Welche zwei grundlegenden Entrauchungsarten gibt es?

- A Fenster in der Wand und Oberlichte in der Decke. ☐
- B Natürliche Entrauchung und maschinelle Entrauchung. ☐
- C Manuelle Entrauchung und automatische Entrauchung. ☐
- D Alles falsch, es gibt fünf Arten der Entrauchung: Überdruck, natürlich, automatisch, maschinell und manuell. ☐

490. Welche Aussagen gelten für Entrauchungsanlagen?

- A Maschinelle und natürliche Entrauchung sind dann am effektivsten, wenn sie miteinander kombiniert werden. ☐
- B Man hat entweder eine natürliche Entrauchung oder eine maschinelle Entrauchung. ☐
- C Entrauchungsanlagen sind primär Personenschutzanlagen, um eine Flucht und eine Rettung sowie einen wirksamen Löschangriff zu ermöglichen. ☐
- D Entrauchungsanlagen werden immer auch als Entlüftungsanlagen verwendet. ☐

491. Welche Farben für Sprinkler-Platzgefäße kennen Sie?

A Es gibt ausschließlich rote. ☐
B Rot, blau, gelb, grün, violett, schwarz. ☐
C Weiß, farblos. ☐
D Es gibt nur rote und blaue. ☐

492. Was ist nach der Betriebssicherheitsverordnung eine sog. „befähigte Person“ für die Prüfung von brandschutztechnischen Anlagen und Einrichtungen?

A Jeder Handwerker mit Meistertitel. ☐
B Grundsätzlich Personen mit handwerklichen Fähigkeiten und technischem Sachverstand. ☐
C Mitarbeiter, die in der Produktion arbeiten. ☐
D Personen, die durch Berufsausbildung und Berufserfahrung sowie ihre berufliche Tätigkeit über die erforderlichen Fachkenntnisse zur Prüfung verfügen. ☐

493. Welche der nachfolgenden brandschutztechnischen Anlagen und Einrichtungen müssen geprüft werden?

A Brandmeldeanlagen ☐
B Entrauchungsanlagen ☐
C Löschanlagen für Speisefette. ☐
D Brandlöschanlagen mit dem Löschmittel „Wasser“. ☐

494. Was passiert, wenn eine vorgesteuerte Sprinkleranlage (= Pre-Action-Anlage) auslöst?

A Eine sog. Integrierte Leitstelle oder die Feuerwehr wird automatisch verständigt. ☐
B Es tritt aus allen Sprinklerköpfen eines Bereichs gleichzeitig Wasser aus. ☐
C Es öffnen lediglich die Sprinklerköpfe, an denen die definierte Temperaturgrenze überschritten wird. ☐
D Die Steuerung der Sprinkleranlage öffnet die Verriegelungen der Fluchttüren (sofern vorhanden), aktiviert die Notbeleuchtung (sofern vorhanden) und setzt automatisch die Entrauchungsanlage in Funktion (sofern vorhanden). ☐

495. Was passiert, wenn eine sog. Nass-Sprinkleranlage auslöst?

A Diese auch Sprühflutanlagen genannten Anlagen setzen einen definierten Löschbereich gleichmäßig unter Wasser, indem aus allen Sprinklerköpfen Wasser austritt. ☐

B Nur die Sprinkler lösen aus, deren Köpfe eine definierte Temperatur überschritten haben. ☐

C Die Feuerwehr wird bei Aktivierung der Anlage automatisch gerufen. ☐

D Alle den Bereich abgrenzenden Brandschutztüren werden automatisch geschlossen. ☐

E Das Wasser tritt mit einer bestimmten Verzögerung aus, erst nachdem das Rohrsystem geflutet worden ist. ☐

496. Welche Komponenten gehören immer zu einer konventionellen Brandmeldeanlage?

A Detektoren, Übertragungsleitungen, Zentrale, Alarmierungseinrichtungen. ☐

B Funkresponder und Handy-Übertragung. ☐

C Blitzleuchten außen am Gebäude, akustische Alarmierung in den überwachten Räumlichkeiten. ☐

D Redundanzen der Übertragungswege und der Brandmelderzentrale. ☐

497. Was ist die wesentliche Aufgabe einer Brandmeldeanlage?

A Öffnen von mechanisch oder elektromagnetisch versperrten Fluchttüren in Fluchtrichtung. ☐

B Schließen von Brandschutztüren, die mit Elektromagneten aufgehalten sind. ☐

C Alarmieren von Einsatzkräften und Steuern von brandschutztechnischen Anlagen. ☐

D Öffnen von mechanisch oder elektromagnetisch versperrten Fluchttüren in Rettungsrichtung. ☐

498. Welche Aussage(n) über Blitzschutz ist/sind korrekt?

A In Gebäude ohne sichtbare metallene Bestandteile (etwa Kupfer-Regenrohre) schlägt ein Blitz nicht ein. ☐

B Blitzschutz wird nach der jeweiligen LBO nur für Gebäude gefordert, bei denen nach Lage, Bauart oder Nutzung ein Blitzschlag leicht eintreten oder zu schweren Folgen führen kann. ☐

C Blitzschutz ist nicht gesetzlich geregelt, sondern immer eine Forderung der Feuerversicherungen (Gebäude-, Betriebsunterbrechungs- und/oder Inhaltsversicherer). ☐
D Gebäude-Blitzschutz wird grundsätzlich für Gebäude wie Kindergärten, Museen, Krankenhäuser oder Pflegeheime gefordert. ☐

499. Wie ist jeder Aufzug immer zu kennzeichnen?

A Rauchverbot ☐
B Aufzug im Brandfall nicht benutzen. ☐
C Feuerwehr-Aufzugsanlage ☐
D Fluchtwegpiktogramm oder Lageplan. ☐

500. Was sollte in einem unbesetzten Computerraum eines Rechenzentrums installiert sein?

A Immer Sprinklerschutz. ☐
B Pulverlöscher mit lediglich 6 kg (leichter zum Tragen, weniger schädliche Wirkung als Löscher 12 kg). ☐
C Rauchgas-Ansaugsysteme, CO_2-Löscher, optische Rauchmelder. ☐
D Halten sich dort nur selten und kurzfristig Personen auf, so kann eine Anlage zur Reduzierung des Sauerstoffs installiert werden. ☐

501. Welche automatischen Brandmelder sollten in einem Büro installiert sein?

A Wärmemelder. ☐
B Keine Melder, diese sind für Produktions- und Lagerräume sinnvoll, nicht jedoch in Büros. ☐
C Lichtschranken oder Wärmemess-Kabel. ☐
D Optische Rauchmelder. ☐
E Ionisations-Rauchmelder. ☐

502. Welche automatische Brandlöschanlage ist für ein großes Lager mit Holzpaletten, auf denen brennbare Kunststoffbehälter stehen, besonders geeignet?

A Kohlendioxid-Löschanlage (CO_2) ☐
B Kohlenmonoxid-Löschanlage (CO) ☐
C Sprinklerschutz ☐
D Sprühflutanlage ☐

503. Welche automatische Brandlöschanlage ist für ein Rechenzentrum besonders geeignet?

A Sprinklerschutz ☐
B Gaslöschanlage ☐
C Schaumlöschanlage ☐
D Sprühflutanlage ☐
E Pulverlöschanlage ☐

504. Die Installation welcher Brandmelder würden Sie in einer großen Tiefgarage empfehlen?

A Rauchmelder ☐
B Punktförmige Wärmemelder ☐
C Linienförmige Wärmemelder ☐
D IR-Lichtschranken ☐
E Ionisations-Rauchmelder ☐
F Für Tiefgaragen gibt es keine Brandmelder. ☐

505. Welche Löschanlage würden Sie in einer Großküche mit Pfannen und Fritteusen empfehlen?

A Keine, denn sonst würde es zu Explosionen kommen (wegen des Fetts). ☐
B Objekt-Löschanlage, speziell für Speisefette ausgelegt. ☐
C Pulver-Löschanlage, weil Pulver die Brandklassen A, B und C abdeckt. ☐
D Schaum-Löschanlage für die Pfannen- und Fritteusenbereiche. ☐
E Sprühflutanlage mit Schaumzumischung. ☐

506. Dürfen Sie als Brandschutzbeauftragter Schaltungen an der Brandmeldeanlage durchführen?

A Ja. ☐
B Nein, nie. ☐
C Je nach Klausel im Versicherungsvertrag. ☐
D Nur wenn eine Einweisung durch den Errichter der Anlage stattgefunden hat; die Rückstellung eines ausgelösten Melders übernimmt die Feuerwehr. ☐

507. Welche Handgriffe sind nötig, um einen Wandhydranten zu aktivieren?

A Tür öffnen, Ventil aufdrehen, Schlauch bis zur Brandstelle abrollen und den Brand bekämpfen. ☐

B Da alle Wandhydranten – analog den Unter- und Überflurhydranten – lediglich für die Feuerwehr gedacht sind, dürfen diese nicht von jedermann bedient werden. ☐

C Dies ist unterschiedlich, wie auch bei den verschiedenen Feuerlöschern; innen in der Tür muss es deshalb eine Betriebsanweisung geben. ☐

D Tür öffnen, inneres Ventil aufdrehen, Schlauch bis zur Brandstelle abrollen, Strahlrohr aufdrehen und den Brand bekämpfen. ☐

508. Was unterscheidet eine Sprinkleranlage von einer Sprühflutanlage?

A Das ist das Gleiche, lediglich die Bezeichnung ist anders. ☐

B Bei einer Sprühflutanlage lösen Rauchmelder die Anlage aus, bei einer Sprinkleranlage die Platzgefäße der Sprinklerköpfe. ☐

C Bei einer Sprühflutanlage kommt aus allen Löschköpfen einer Löscheinheit Wasser, bei einer Sprinkleranlage lediglich aus den Köpfen, deren Temperatur zu hoch war. ☐

D Sprinkleranlagen sind für Bürobereiche, Sprühflutanlagen für Produktions- und Lagerbereiche konzipiert. ☐

509. Was unterscheidet eine Hochdruck-Löschanlage von einer Sprinkleranlage?

A Die Auslösetemperatur: Sprinkleranlagen lösen bei 68 °C aus, Hochdruck-Löschanlagen bei 144 °C. ☐

B Der Einsatzbereich: Sprinkleranlagen sind für Büros, Hochdruck-Löschanlagen sind für Lager mit besonders hohen Brandlasten konzipiert. ☐

C Die austretende Wassermenge: Hochdruck-Löschanlagen lassen aufgrund des hohen Drucks wesentlich mehr Wasser durch als Sprinkleranlagen. ☐

D Die austretende Wassermenge: Hochdruck-Löschanlagen lassen wesentlich weniger Wasser durch als Sprinkleranlagen. ☐

510. Welche Aufgabe hat eine automatische Brandmeldeanlage?

A Bei deren Aktivierung muss im Gebäude Alarm auslösen, um alle Personen verzögerungsfrei zu alarmieren. ☐
B Brandmeldeanlagen sollen Wasser oder Löschgase in die betroffenen Bereiche leiten. ☐
C Eine Brandmeldeanlage hat die Aufgabe, ein Schadenfeuer selbstständig zu erkennen und an eine qualifizierte Stelle verzögerungsfrei weiterzugeben. ☐
D Brandmeldeanlagen haben die Aufgabe, Ausgänge zu öffnen und Entrauchungsanlagen zu aktivieren. ☐

511. In welchen Bereichen müssen Brandmeldeanlagen installiert sein?

A Großgaragen ☐
B Großraumbüros ☐
C Große Industriehallen ☐
D Sonderbauten wie Museen, Kinos, Kaufhäuser oder Hotels können Brandmeldeanlagen fordern. ☐

512. Welche Produkte fallen unter den Begriff „anlagentechnischer Brandschutz"?

A Brandlöschanlagen ☐
B Brandmeldeanlagen ☐
C Rauch- und Wärmeabzugsanlagen ☐
D Brandwände ☐
E Brandschutztüren ☐

513. Ein großes Lager mit 400 m² Grundfläche und 4 m Lagerhöhe wird für unverpackte Profilbleche errichtet. Welche Brandschutzmaßnahmen empfehlen Sie?

A Pulverfeuerlöscher ☐
B D-Metallbrand-Handfeuerlöscher ☐
C Sauerstoff-Reduzierungsanlage (Permanent-Inertisierung). ☐
D Natürlicher Rauchabzug, manuell auszulösen. ☐
E Automatische Schaumlöschanlage. ☐
F Sprinkleranlage ☐
G Schaum- oder Wasserlöscher. ☐

514. Was ist die Aufgabe von Entrauchungsanlagen?

A Die Versicherungsprämie kann dadurch um bis zu 60 %, in Sonderfällen auch um 65 % reduziert werden. ☐

B Es gibt keine Entrauchungsanlagen, das Entrauchen geht über Fenster oder es ist Aufgabe der zuständigen Feuerwehr, die im Brandfall mittels mitgebrachter Ventilatoren entraucht. ☐

C Es geht darum, Rauch, Pyrolysegase und Wärme schnell aus einem Gebäude zu leiten, um Menschen möglichst nicht zu gefährden und die Schäden an Gebäuden und deren Inhalten möglichst gering zu halten. ☐

D Sie sind für die normale Be- und Entlüftung im Brandfall gedacht. ☐

515. Welche Aussagen sind korrekt über konventionelle Nass-Sprinkleranlagen mit roten Schmelzköpfen?

A Sie lösen bei ca. 95 °C aus. ☐

B Es sind selbsttätige Brandlöschanlagen, die bei Aktivierung gleichzeitig auch Alarm geben. ☐

C Sie werden immer über zwei Rauchmelder ausgelöst. ☐

D Es lösen nur die Köpfe aus, deren Auslösetemperatur überschritten worden ist. ☐

E Sie werden in der jeweiligen Landesbauordnung für viele Arten von Gebäuden gefordert. ☐

F Haben sie ein blaues Sprinkler-Platzgefäß, dann lösen sie erst bei ca. 140 °C aus. ☐

G Bei Industriehallen kann man Brandabschnitte größer auslegen, wenn die Halle gesprinklert ist. ☐

H Sprinkleranlagen benetzen den gesamten Bereich immer gleichmäßig mit Löschwasser. ☐

I Sprinkleranlagen sind jeweils für eine Situation individuell ausgelegt, verfahrenstechnische Veränderungen oder Veränderungen des Lagerguts oder der Verpackung können es nötig machen, dass die Anlage nachgerüstet wird. ☐

516. In einem Gefahrstofflager gibt es eine Boden-Beschäumungsanlage und eine CO_2-Gaslöschanlage für den Raum. Wie beurteilen Sie dies?

A Das Gefahrenmoment wird korrekt abgedeckt. ☐
B Eine der beiden Anlagen reicht aus. ☐
C Eine vorgesteuerte Sprinkleranlage ist jeder anderen Technik vorzuziehen. ☐
D Brandlöschanlagen können in Gefahrstofflagern beim Austritt des Löschmediums Elektrostatik erzeugen und damit Brände und Explosionen auslösen – deshalb wird hier überhaupt keine Löschanlage installiert. ☐

517. Sie haben eine Betriebstankstelle mit unterirdischen Tanks auf dem Gelände. Geht hiervon eine Gefahr aus?

A Ja. ☐
B Nein. ☐
C Wenn sie weiter als 5 m von Gebäuden entfernt steht, nicht. ☐
D Wenn die Tanks unterirdisch installiert sind, dann nicht. ☐

518. Warum sind sog. Rauchschürzen sinnvoll?

A Um Fluchtwege in Gebäuden der GK 5 brandrauchfrei zu halten. ☐
B Um eine Brandwand zu ersetzen. ☐
C Um Rauch an der Decke einer Industriehalle auf den Entstehungsort begrenzt zu halten. ☐
D Um Büros brandrauchfrei zu halten. ☐

519. Wer wartet eine Sprinkleranlage?

A Der Brandschutzbeauftragte. ☐
B Der Sprinklerwart. ☐
C Der VdS oder TÜV. ☐
D Ein spezialisierter Fachbetrieb. ☐

520. Wie häufig wird eine Brandmeldeanlage inspiziert?

A Einmal im Jahr. ☐
B So oft wie Feuerlöscher, also alle 2 Jahre. ☐
C Einmal im Quartal. ☐
D Nur nach Beschädigungen oder Problemen. ☐

521. Sie haben zwei verschiedene Brandschutztüren von zwei Herstellern. Ist es erlaubt, den Schließmechanismus der einen Tür an die andere Tür zu montieren?

A Ja. ☐
B Nein. ☐
C Wenn es funktioniert (also wenn die Tür ordnungsgemäß geschlossen wird), ist das korrekt. ☐
D Wenn nach der Betriebssicherheitsverordnung eine Gefährdungsbeurteilung vorgenommen wurde (und diese positiv ausfällt), ist das korrekt. ☐

522. Wann soll der Rauchabzug aktiviert werden?

A Möglichst kurz vor dem sog. flashover. ☐
B Immer erst nachdem alle Zuluftöffnungen geschlossen worden sind. ☐
C Möglichst früh. ☐
D Möglichst nicht, damit ein Feuer sich erstickt. ☐
E Möglichst kurz nach dem sog. backdraft. ☐

523. Was gilt für Brandschutztüren?

A Sie sind wie Brandwände auch zugelassen und damit im eingebauten Zustand und unbeschädigt zeitlich unbefristet einsetzbar, ohne weiter beachtet zu werden. ☐
B Brandschutztüren müssen, je nach Belastung (analog Handfeuerlöschern) alle 15–25 Jahre komplett ausgetauscht werden; näheres regelt die Betriebssicherheitsverordnung. ☐
C Sie müssen wöchentlich gewartet werden. ☐
D Sie müssen jährlich von einer qualifizierten, befähigten Person gewartet werden und sind ggf. auch zwischendurch instand zu setzen. ☐
E Die Wartung darf nur eine zugelassene Institution wie z.B. TÜV, DEKRA oder VdS durchführen. ☐

524. Welche Aufgabe hat eine Rauch- und Wärmeabzugsanlage (RWA)?

A Belüftung und Entlüften. ☐
B Im Idealfall auch Löschen. ☐
C Brand melden. ☐
D Im Brandfall Rauch, Wärme und Pyrolysegase aus einem Gebäude entfernen. ☐

525. Wie viel Wasser kommt je Minute aus einem konventionellen Sprinklerkopf mit rotem Platzgefäß?

A Bis zu 1 l ☐
B Bis zu 10 l ☐
C Ca. 60–100 l ☐
D Ca. 500 l ☐

526. Welche Anforderung muss eine Sprinklerzentrale erfüllen?

A Sie muss vom Treppenraum aus direkt zugänglich sein. ☐
B Sie muss immer und ausschließlich von außen zugänglich sein. ☐
C Sie muss brandlastfrei sein. ☐
D Sie muss gesprinklert sein. ☐
E Sie muss alarmüberwacht sein. ☐
F Sie muss einen zweiten Fluchtweg (Ausgang) aufweisen. ☐
G Es gibt keine besonderen Anforderungen. ☐

527. Welche sicherheitstechnischen (= brandschutztechnischen) Einrichtungen müssen regelmäßig geprüft werden?

A Sprinkleranlagen ☐
B Feuerbeständige Wände ☐
C Brandwände ☐
D Entrauchungsanlagen ☐
E Lüftungsanlagen ☐
F CO-Warnanlage in Tiefgarage. ☐

528. Was sollte in einem Computerraum installiert sein?

A Warnschilder sowie Gebots- und Verbotsschilder. ☐
B Sprinklerschutz, da die Anlagen sehr teuer und wichtig sind. ☐
C Sprühflutanlage zur Minimierung des Löschmittelschadens. ☐
D Rauchgasansaugsysteme, Rauchmelder an der Decke, CO_2-Löscher. ☐

529. Welche Nachteile können Sauerstoff-Reduzierungsanlagen haben? Nennen Sie mindestens vier Punkte.

____

____

530. Welche Aussage/n über Zuluftanlagen und Abluftanlagen ist/sind richtig?

- A Sie müssen getrennt werden, um jeweils autark zu funktionieren. ☐
- B Rauch darf dadurch nicht auf andere Bereiche verteilt werden. ☐
- C Es muss je Nutzungseinheit eine eigene Zu- und Abluftanlage geben. ☐
- D Diese müssen halbjährlich von einem Sachverständigen abgenommen werden. ☐

531. Wo würden Sie den Einbau einer Trockensprinkleranlage empfehlen?

- A Büros ☐
- B EDV, RZ ☐
- C In Bereichen unter 0 °C. ☐
- D In Bereichen oberhalb 90 °C und höher. ☐
- E Überall, nasse Sprinkleranlagen sind aus Personenschutzgründen lt. EU-Voraben nicht mehr zugelassen, es gibt jedoch bis 2025 einen Bestandsschutz für bereits installierte Anlagen. ☐
- F Trockensprinkleranlagen gibt es nicht. ☐

532. Welche DIN regelt Feuerschutzabschlüsse?

- A DIN 4102 und/oder DIN EN 13501 ☐
- B DIN EN 3 ☐
- C DIN EN 18 096 ☐

533. In welcher DIN sind Rauchschutztüren geregelt?

- A VdS 2095 ☐
- B DIN EN 18 095 ☐
- C DIN 4102 ☐
- D DVA 13 18 ☐

534. Sprinkleranlagen …

- A … sind automatisch funktionierende Brandlöschanlagen, die immer auch gleichzeitig einen Alarm absetzen. ☐
- B … sind Gaslöschanlagen, die einen Brand mindestens begrenzen, im Idealfall auch löschen können. ☐

C ... werden von den Feuerversicherungen aufgrund der hohen Fehlauslösungen oftmals mit Zuschlägen auf die Prämie versehen. ☐

D ... werden über zwei Rauchmelder in einem Überwachungsbereich ausgelöst, die im selben Zeitfenster auslösen. ☐

535. Was gilt für optische Rauchmelder (= O-Melder)?

A Diese sind als qualitativ minderwertig einzustufen, besser sind die sog. Ionisations-Rauchmelder (= I-Melder). ☐

B Sie reagieren auf Wärme und zugleich auch auf Rauch. ☐

C Staub und Wasserdampf können zu Fehlalarmen führen. ☐

D Sie sind hochzuverlässig und sprechen nur auf Bandrauch an. ☐

536. Wie sind Flucht- und Rettungswege laut jeweiliger LBO auszubilden?

A Sie dürfen nicht länger als 35 m sein. ☐

B In notwendigen Fluren keine Brandlasten. ☐

C Sie müssen ausreichend breit sein. ☐

D Sofern der Weg oder die Laufrichtung nicht eindeutig erkennbar ist, müssen sie gekennzeichnet sein. ☐

537. Welche Aufgaben hat eine Brandmelderzentrale (= BMZ)?

A Die Leitungen auf Sabotage und Bruch überwachen. ☐

B Die Melder auf Defekt, Manipulation oder Sabotage überwachen. ☐

C Der Feuerwehr anzeigen, welche/r Melder ausgelöst hat/haben. ☐

D Sie kann Brandschutzeinrichtungen ansteuern. ☐

538. Welche Vorteile haben Lichtschranken-Rauchmelder gegenüber optischen Punktmeldern?

A Schnellere und preiswertere Installation. ☐

B Einfachere und preiswertere Wartung. ☐

C Sie sind wesentlich zuverlässiger in der Detektion und liefern keine Fehlalarme. ☐

D Keine, sie haben ausschließlich Nachteile. ☐

539. Welchen entscheidenden sicherheitstechnischen Vorteil haben Brandlöschanlagen gegenüber Brandmeldeanlagen?

A Sie sind wesentlich preiswerter. ☐
B Sie melden und löschen. ☐
C Sie reduzieren die Versicherungsprämie wesentlich. ☐
D Sie strahlen ein souveränes Gefühl der Sicherheit aus. ☐

540. Was unterscheidet Lüftungsanlagen von Entrauchungsanlagen?

A Das ist dasselbe, es existieren aber zwei Bezeichnungen. ☐
B Lüftungsanlagen sind für den Normalfall, Entrauchungsanlagen für den Brandfall. ☐
C Lüftungsanlagen müssen mit Brandschutzklappen in Decken und Wänden mit brandschutztechnischen Anforderungen ausgelegt sein. ☐
D Entrauchungsanlagen müssen mit Brandschutzklappen (K 90) in Decken und Wänden mit brandschutztechnischen Anforderungen ausgelegt sein. ☐
E Brand und Rauch darf über beide Anlagen nicht auf andere Gebäudebereiche gelangen. ☐

541. Was wissen Sie über RWA-Anlagen?

A Sie dürfen nur von der Feuerwehr geöffnet werden. ☐
B Sie können bei Wärme und/oder Rauch automatisch geöffnet und zusätzlich auch manuell geöffnet werden. ☐
C Sie arbeiten dann optimal, wenn es auch Zuluftöffnungen gibt. ☐
D RWA-Anlagen richten durch die Sauerstoffzufuhr im Brandfall oftmals einen großen Schaden an. ☐

542. Eine Trockensprinkleranlage ist sinnvoll …

A … für EDV-Räume. ☐
B … für Büros. ☐
C … für Laderampen vor Lagerhallen im Freien. ☐
D … für Gefahrstofflager (Flüssigkeiten). ☐
E … für Gefahrstofflager (Gase). ☐
F … für Saunas, wenn sie gesprinklert werden sollen (blaue Sprinklerköpfe). ☐
G … für Saunas, wenn sie gesprinklert werden sollen (rote Sprinklerköpfe). ☐

543. Warum können Gaslöschanlagen mit Kohlendioxid lebensgefährlich werden?

A Weil CO ein Atemgift ist und Menschen schnell tötet. ☐
B Weil sie zwar die Flammen, aber nicht die Glut löschen. ☐
C Weil die Sauerstoffkonzentration (O_2) stark ansteigen kann. ☐
D Daran ist nichts gefährlich, sonst wäre es nicht erlaubt, diese in Deutschland einzusetzen. ☐
E Das Löschmittel löscht, indem der Luftsauerstoff so weit reduziert wird, dass man in dem Raum aufgrund der Sauerstoffverdrängung nicht überleben kann. ☐

544. Es treten vermehrt Fehlalarme der Brandmeldeanlage auf. Was kann man dagegen tun? Listen Sie mindestens vier verschiedene Maßnahmen auf.

____

____

545. Was können die Ursachen für Fehlalarme von Brandmeldeanlagen sein?

A Ablaufende Prozesse, Verfahren. ☐
B Dieselstapler. ☐
C Staub im Unternehmen. ☐
D Blitzeinschlag. ☐

546. Wie lassen sich Brandschutztüren ansteuern?

A Rauchmelder und Elektromagnet. ☐
B Vorübergehend auch mit einem Keil, wenn man ihn dann wieder wegnimmt. ☐
C Selbstschließend. ☐
D Manuell schließen. ☐
E Eine Ansteuerung ist nicht nötig und auch gesetzlich nicht vorgeschrieben. ☐
F Die Türen müssen lediglich außerhalb der Arbeitszeit manuell geschlossen sein. ☐

547. Welche Bereiche müssen grundsätzlich entraucht werden können?

A Grundsätzlich alle Bereiche eines Gebäudes. ☐
B Nur die Bereiche, in denen sich Aufenthaltsräume für Personen befinden. ☐

C Jeder Raum über eine maschinelle Entrauchungsanlage. ☐
D Kellerbereiche und Dachgeschosse müssen nicht entraucht werden können. ☐
E Nur die Treppenräume. ☐

548. Wo installieren Sie die Absaugöffnung der Entlüftungsanlage im Lager für brennbare Flüssigkeiten?

A Boden ☐
B Decke ☐
C Mittig ☐
D Unnötig ☐
E In etwa auf Gesichtshöhe. ☐

549. Wie sollte ein Lager mit brennbaren Flüssigkeiten entlüftet werden?

A Über den Vorraum. ☐
B Über die Fenster. ☐
C Über Oberlichter. ☐
D Natürlich ☐
E Maschinell ☐
F Mindestens 10-fache Druckbelüftung. ☐

550. Welche Vorzüge haben Rauchgas-Ansaugsysteme (RAS)?

A Sie werden nicht direkt auf die Feuerwehr aufgeschaltet, d. h. bei einem Fehlalarm entstehen keine Kosten. ☐
B Sie sprechen bei einem Gerätebrand wesentlich früher an als Raum-Brandmelder. ☐
C Sie sind preiswerter als konventionelle Brandmeldeanlagen mit moderner Loop-Technik. ☐
D Es gibt solche Systeme nicht. ☐

551. Eine Produktionshalle verfügt über Sprinklerung und automatische Entrauchung. In welcher Reihenfolge sollen diese im Brandfall öffnen, um einen optimalen Löscherfolg und einen minimalen Gebäudeschaden zu garantieren?

A Zunächst die Sprinkleranlage. ☐
B Zunächst die RWA-Anlage. ☐
C Beide gleichzeitig. ☐
D Weder noch, beides soll die Feuerwehr ansteuern. ☐
E Die RWA-Anlage soll über Rauchmelder öffnen, die Sprinkleranlage über Wärmemelder. ☐

552. Welche Arten des anlagentechnischen Brandschutzes gibt es für den Innenteil von Staub-Absauganlagen?

A Rauchmelder ☐
B Sprinkleranlage ☐
C Nicht brennbare Filtersäcke. ☐
D Funkenerkennungsanlagen ☐
E Funkenlöschanlagen ☐
F Funkenausscheideanlagen ☐

553. Was wissen Sie über I-Melder (= Ionisations-Rauchmelder)?

A Diese wurden 2015 verboten, die Übergangsfrist (= Austauschpflicht) endete am 31.12.2017. ☐
B Diese Melder sind aufgrund der Radioaktivität immer hochgefährlich. ☐
C Diese Melder werden dann gefährlich, wenn sie mechanisch oder thermisch zerstört werden. ☐
D Seit dem Verbot der O-Melder (= Optische Melder) sind das die Melder der Zukunft. ☐

554. Wie kann man Schäden durch Überspannungen im Datensystem vermeiden?

A Lichtwellenleiter wählen. ☐
B Kupferleitungen verlegen. ☐
C Doppelt geschirmte Antennenleitungen verwenden. ☐
D Gebäudeblitzschutz konsequent realisieren. ☐

555. Brandschutztüren …

A … dürfen während der Arbeitszeit mit einem Band aufgehalten werden. ☐
B … müssen außerhalb der Arbeitszeit geschlossen sein, auch wenn sie über einen Elektromagneten (mit Rauchmeldersteuerung) aufgehalten sind. ☐
C … dürfen über Wärmemelder geschlossen werden, wenn ein Elektromagnet sie aufhält. ☐
D … müssen regelmäßig gewartet werden. ☐
E … dürfen nachts offen stehen, wenn niemand anwesend ist. ☐

556. Wie sieht die brandschutztechnisch optimale Abluftführung aus einer Großküche aus?

A Über Fenster ins Freie. ☐
B Gemeinsam über die Umluftanlage der Büros oder auch der Produktion ins Freie. ☐
C Separiert, d. h. nicht mit anderen Lüftungsanlagen verbunden. ☐
D Auf möglichst kurzem Weg ins Freie. ☐
E Möglichst über Dach geführt. ☐

557. Was gilt bei notwendigen Ausgangstüren?

A Sie dürfen verschlossen sein, wenn keine Personen anwesend sind. ☐
B Sie dürfen verschlossen sein, wenn Personen anwesend sind. ☐
C Sie dürfen verschlossen sein, wenn Personen anwesend sind, wenn sie in Fluchtrichtung ohne Hilfsmittel einfach zu öffnen sind. ☐
D Wenn hinter Glas ein Schlüssel für die Tür vorgehalten wird, darf die Tür versperrt sein. ☐

558. Aus welchen drei Komponenten besteht ein korrekter Gebäudeblitzschutz?

A Fangeinrichtungen, Ableitungen, Erdungsanlagen. ☐
B Gebäudeblitzschutz, Potenzialausgleich, Grob-/Feinschutz. ☐
C FI-Schutz, Blitzschutz, Rückbau der Antennenanlage auf dem Dach. ☐
D Blitzstrom-Wandelanlage, Blitzstrom-Speicheranlage und Verlegung eines Null-Leiters zur Erdung der Geräte. ☐

559. Auf was sprechen übliche Brandmelder an?

A Temperatur, Rauch, Wärmestrahlung. ☐
B CO_2-Messung, Absenkung der Luftfeuchtigkeit im Brandfall. ☐
C Spektralanalyse des Lichts (der Gelbanteil ist im Brandfall extrem hoch). ☐
D Brandgeräusche, Erhöhung des Luftdrucks durch das Feuer. ☐

560. Welche Löschanlage sollte in einem Lager mit 7 m Lagerhöhe installiert werden, wenn dort Metallrohre unverpackt gelagert werden?

A Sprühflut ☐
B CO_2 ☐
C Ansul ☐
D Inergen ☐
E Keine Löschanlage, denn dort wird es nicht brennen. ☐
F Argonit ☐
G Halon (nur nach ministerieller Genehmigung). ☐
H Sprinkler ☐
I Schaum ☐
J Pulver ☐

561. Wie lässt sich ein Kabelkanal effektiv schützen?

A Mit einer Wasser-Nebelanlage. ☐
B Mit einer Gaslöschanlage. ☐
C Mit einer Pulverlöschanlage. ☐
D Mit einer Schaumlöschanlage. ☐
E Wenn die Kabel im Kanal ohne Anschlussverbindungen verlegt sind, ist dort ein Brand nicht möglich; somit ist eine Löschanlage unnötig. ☐
F Wenn man die Leitungen mit 10 Ampere und nicht mit 16 Ampere absichert sowie einen FI-Schutz mit 500 kVA installiert, lässt sich kein Brandrisiko erkennen. ☐

562. Was versteht man unter der Wirkfläche bei einer Sprinkleranlage?

A Die Fläche, die ein Sprinklerkopf abdecken kann, in der Regel 9–12 m^2. ☐
B Die Fläche in m^2, die eine Sprinkleranlage gerade noch löschen kann. ☐
C Das Volumen in m^3, das eine Sprinkleranlage in einem Raum abdeckt. ☐
D Diesen Begriff gibt es nicht. ☐

563. Wer dreht die Sprinkleranlage bei/nach einem Brand ab?

A Der Firmeninhaber. ☐
B Der Brandschutzbeauftragte. ☐
C Jeder, der erkennt, dass das Feuer gelöscht ist. ☐
D Die Feuerwehr. ☐

564. Was kann zu einer Fehlauslösung einer Brandmeldeanlage führen?

- A Überspannungen. ☐
- B Stäube, Dämpfe. ☐
- C Abluft von Dieselstaplern bei Rauchmeldern. ☐
- D Produktionsbedingte Vorkommnisse. ☐
- E Vorsätzliche Fehlauslösung. ☐

565. Was kann zu einem verspäteten Auslösen oder gar zu einem Nichtauslösen einer Sprinkleranlage führen?

- A Falsche Sprinklerköpfe. ☐
- B Abschalten der Anlage. ☐
- C Fehler in der Planung und/oder Ausführung. ☐
- D Zu geringe Wärmeentwicklung (Schmorbrand). ☐
- E Nachträgliche Veränderungen an den Regalen oder Lagerbehältern. ☐

566. Was kann dazu führen, dass eine Sprinkleranlage einen Brand zwar detektiert, aber nicht löschen kann?

- A Betreiberfehler wie zu viele/zu hohe Brandlasten. ☐
- B Einbringen von Blechen in den zuvor offenen Lagerebenen. ☐
- C Extreme Erhöhung der Brandlasten. ☐
- D Zu hohes Lagern, zu dicht an den Sprinklerköpfen. ☐

567. Was muss bei einer Kohlendioxid-Löschanlage beachtet werden?

- A Überdrucköffnung schaffen. ☐
- B Das Löschgas muss anschließend sicher ins Freie gebracht werden, ohne Personen zu gefährden. ☐
- C Es muss bei Raumflutung eine Vorwarnzeit geben sowie optische und akustische Warneinrichtungen. ☐
- D Die löschfähige Konzentration muss ausreichend lang gegeben sein, um löschen zu können. ☐

568. Wie könnte man einen Lagerraum mit brennbaren Gasen in Flaschen oder mit brennbaren Flüssigkeiten optimal vor Brand schützen?

- A Gaslöschanlage für den Raum und zugleich Boden-Beschäumungsanlage. ☐
- B Sprinkleranlage ☐
- C Sprühflutanlage ☐
- D Pulverlöschanlage ☐
- E Eine bauliche Abtrennung reicht aus. ☐

569. RWA-Anlagen dienen ...

A ... dazu, Rauch, Wärme und unverbrannte Pyrolysegase aus einem Raum oder einem Gebäude schnellstmöglich ins Freie abgeben. ☐

B ... ausschließlich dazu, um Rauch im Brandfall aus einem Gebäude zu transportieren. ☐

C ... dazu, für einen vollständigen Verbrennungsprozess im Brandfall zu sorgen, damit weniger CO und gleichzeitig mehr CO_2 entsteht. ☐

D ... weniger dem Personenschutz als vielmehr dem Sachwerte- und Gebäudeschutz, deshalb sind sie auch von den Feuer-Versicherungen so hoch rabattiert. ☐

570. Welche Löschanlage sollte in einem Lager mit 7 m Lagerhöhe installiert werden, wenn dort hochwertige Elektronikgeräte verpackt in Styropor und Kartonagen gelagert werden?

A Sprühflut ☐

B CO_2 ☐

C Ansul ☐

D Inergen ☐

E Keine Löschanlage, denn dort wird es nicht brennen. ☐

F Argonit ☐

G Halon (nur nach ministerieller Genehmigung). ☐

H Sprinkler ☐

I Schaum ☐

J Pulver ☐

571. Worauf reagiert ein Thermo-Differentialmelder?

A Nur auf Wärme. ☐

B Auf Wärme und Rauch. ☐

C Auf Rauch und Wärmestrahlung. ☐

D Auf Wärme und den Wärmeanstieg je vorgegebener Zeiteinheit. ☐

572. Auf welches Brandereignis reagiert ein Optischer Rauchmelder?

A Auf IR-Wärmestrahlung. ☐

B Auf UV-Wärmestrahlung. ☐

C Auf Rauch. ☐

D Auf Wärme und Rauch. ☐

E Auf Wärme oder Rauch. ☐

573. Welcher Melder hat Vorteile: Rauchmelder oder Wärmemelder?

A Beide sind nicht zu empfehlen, die Flammenmelder (IR-Melder oder UV-Melder) sind wesentlich besser. ☐
B Wenn im Brandfall primär mit Rauch zu rechnen ist, sind Rauchmelder besser; wird primär mit einem Temperaturanstieg gerechnet, sind Wärmemelder besser. ☐
C Beide sind identisch zuverlässig und sicher. ☐
D Wärmemelder sind teurer, aber hochwertiger und zuverlässiger. ☐

574. Was ist ein sog. „Dualmelder"?

A Ein Rauchmelder der Firma „Dual". ☐
B Ein Brandmelder mit einem Wärmemelder und einem Rauchmelder in einem Gehäuse. ☐
C Ein Brandmelder für die petrochemische Industrie. ☐
D Dieser Melder kann im Brandfall vor Ort und gleichzeitig auch in einer Sicherheitszentrale und/oder der Feuerwehr Alarm melden. ☐

575. Was braucht man für eine große Industriehalle von ca. 10.000 m², auch wenn eine ortsfeste Brandlöschanlage installiert ist?

A Feuerwehr (betriebseigene oder öffentliche). ☐
B Hand-Feuerlöscher ☐
C Entrauchungsanlage ☐
D Mindestens eine Handauslösung zum Alarmieren der Feuerwehr. ☐
E Versicherungsschutz gegen Feuer und Betriebsunterbrechung muss abgeschlossen sein. ☐
F Brandmelder mit Wärmemelder. ☐

576. Welche Komponenten gehören zum Blitz- und Überspannungsschutz?

A Vorbeugende, abwehrende Maßnahmen. ☐
B Bauliche, technische und organisatorische Maßnahmen. ☐
C Primäre, sekundäre und tertiäre Maßnahmen. ☐
D Gebäudeblitzschutz, Potenzialausgleich, Grobschutz, Feinschutz. ☐
E Passive USV-Anlage. ☐
F Aktive USV-Anlage mit Batteriepuffung. ☐

577. Nach dem Auslösen eines Brandmelders muss sich die Feuerwehr schnell informieren können, wo der auslösende Melder montiert ist. Wie geht das?

A Der Melder gibt einen lauten Summton von sich. ☐

B An der BMZ moderner Anlagen gibt es eine Klartext-anzeige; mithilfe der Laufkarten kann die Feuerwehr dann die Stelle zügig finden. ☐

C Moderne Melder summen nicht nur, sie blinken auch und zeigen somit an, wo ausgelöst wurde. ☐

D Die Feuerwehr orientiert sich vor Ort, also dort wo Flammen oder Rauch sind. ☐

578. Ersetzt eine Sprinkleranlage Handfeuerlöscher?

A Handfeuerlöscher sind seit der Novellierung der BGR 133 nicht mehr obligatorisch, sondern fakultativ. ☐

B Ja, analog der flächendeckenden Ausstattung mit Wandhydranten (die 1/3 der Feuerlöscher unnötig machten) darf man auch auf 33 % der Handfeuerlöscher verzichten. ☐

C Ja, sie ist sogar effektiver. ☐

D Nein, es muss ein willensabhängiges Löschen möglich sein. ☐

579. Wie sieht eine Feuerwehrdurchfahrt zu einem Gebäude im Hinterhof aus?

A Durchfahrten sind nicht erlaubt; Hinterhof-Gebäude müssen direkt anfahrbar sein. ☐

B Exakt 2,5 m zu 2,5 m. ☐

C Es gibt keine exakten Vorgaben hierzu. ☐

D Wenn es in der Durchfahrt Türen gibt, müssen diese mindestens feuerhemmend ausgelegt sein. ☐

E Mindestens 3,5 m hoch und mindestens 3 m breit. ☐

580. Ein einziger Rauchmelder im Unternehmen löst immer wieder fälschlicherweise aus. Wie können Sie die Ursache beseitigen?

A Austausch des Rauchmelders gegen einen Optischen Melder. ☐
B Austausch des Rauchmelders gegen einen Ionisationsmelder. ☐
C Installation eines Differenzialmelders (unter Berücksichtigung der erlaubten Fläche je Melder). ☐
D Installation eines Dualmelders (unter Berücksichtigung der erlaubten Fläche je Melder). ☐

581. Wie kann man Fehlalarme erforschen bzw. deren Ursachen herausfinden?

A Das kann/darf nur der Errichter. ☐
B Erfassen, wann (Tag, Uhrzeit) und wo die Fehlalarme auftreten, welche Aktivitäten dort stattfinden, welche Personen anwesend sind und welche klimatischen Bedingungen herrschen. ☐
C Führen einer Strichliste. ☐
D Brandmeldeanlagen sind heute aufgrund der Fuzzy-logic so sicher, dass es keine Fehlalarme mehr gibt. ☐

582. Aus welchen Komponenten besteht eine Brandmeldeanlage primär?

A Melder, Leitungen, Zentrale, Übertragungseinheit. ☐
B Lichtschrankenmelder oder Wärmemelder, Funkübertragungstechnik, Notstrom. ☐
C Optische und akustische Sirenen im Gebäude und vor dem Gebäude (Außenwand), Repeater und Transponder. ☐
D Bodensensoren, Blitzleuchten, Übertragungsleitungen. ☐

583. Wo sollte die Leuchte der Notstrombeleuchtung sitzen?

A Immer möglichst weit oben im Raum (Decke). ☐
B Wegen des Rauchs im Brandfall immer möglichst weit unten im Raum (Boden, Bodennähe). ☐
C Immer mittig im Raum, in etwa auf Gesichtshöhe. ☐
D Das ist individuell unterschiedlich, die Verrauchung ist jedoch bei der Festlegung der Platzierung zu berücksichtigen. ☐

584. Wie sieht eine sicherheitsgerechte Aufzugsteuerung aus?

A Fährt im Brandfall immer ins EG, dort geht die Tür auf und bleibt offen. ☐

B Fährt im Brandfall ins oberste Geschoss und bleibt dort, bis die Feuerwehr aktiv wird. ☐

C Bleibt im Brandfall umgehend stehen. ☐

D Fährt im Brandfall automatisch (sog. Brandfallsteuerung) eine von zwei einprogrammierten Ebenen an, und zwar die, aus der kein Brand gemeldet wird; beide Ebenen müssen die Möglichkeit haben, sich ins Freie begeben zu können. ☐

6. Handbetätigte Geräte zur Brandbekämpfung

585. Woher darf das Löschwasser für die Feuerwehr stammen?

A Ausreichend dimensioniertes Schwimmbad. ☐
B Bach, der fast immer etwas Wasser führt. ☐
C Fluss, der sekündlich ca. 25 m^3 Wasser fließen lässt. ☐
D Hydranten, die an die konventionelle Trinkwasserversorgung angeschlossen sind. ☐
E Hydranten, die an spezielle Löschwasserleitungen angeschlossen sind (in der Qualität unterhalb des Trinkwassers in Deutschland). ☐
F Das Wasser muss mit HLF (= Hilfeleistungslöschfahrzeug) oder TLF (= Tanklöschfahrzeug) zum Einsatzort gefahren werden. ☐
G Das Wasser darf auch aus eigens dafür geschaffenen Löschwasser-Reservoirs stammen. ☐

586. Welche Löschmittel sind zum Löschen von brennbaren Flüssigkeiten grundsätzlich geeignet und zugelassen?

A A-Wasserlöscher ohne Zusatzmittel und mit Vollstrahl. ☐
B ABF-Fettbrandlöscher ☐
C AB-Schaumlöscher ☐
D B-Kohlendioxid ☐
E D-Pulver ☐
F Halonlöscher ☐

587. Welches Löschmittel sollte beim Einsatz von Handfeuerlöschern in der EDV verwendet werden?

A Pulver ☐
B Schaum ☐
C Wasser ☐
D Kohlendioxid (CO_2) ☐
E Kohlenmonoxid (CO) ☐
F EDV-Pulver ☐

588. Welches Löschmittel gibt es nicht in Handfeuerlöschern?

A Kohlensäure ☐
B D-Metallbrandpulver ☐
C Wasser ☐
D Löschmittel, speziell für Speisefette. ☐

589. Wo sind die nötigen Löschmitteleinheiten (LE) für Handfeuerlöscher geregelt?

- A In der Betriebssicherheitsverordnung, in diesem Punkt auch identisch mit dem Arbeitsschutzgesetz. ☐
- B In der ASR A 2.2. ☐
- C In der DIN EN 3. ☐
- D In der VdS 2038. ☐

590. Welche Brandklasse muss ein Feuerlöscher in einer Küche aufweisen, wenn es dort lediglich Pfannen und eine Fritteuse mit 1,5 l Frittierfett gibt?

- A A ☐
- B B ☐
- C C ☐
- D D ☐
- E E ☐
- F F ☐

591. Welche Aussage/n über Wandhydranten ist/sind richtig?

- A Wandhydranten dürfen nach EU-Vorgaben nur von Feuerwehrleuten bedient werden. ☐
- B Wandhydranten müssen mindestens 800 l/min Wasser ausbringen können. ☐
- C Wandhydranten müssen mindestens 120 l/min Wasser ausbringen können. ☐
- D Die flächendeckende Ausstattung mit Wandhydranten ist für alle Sonderbauten baugesetzlich gefordert. ☐
- E Die Montage sollte möglichst im Ein-/Ausgangsbereich und nicht im Treppenraum erfolgen, um bei Löscharbeiten ein sicheres Nutzen des Treppenraums zu ermöglichen. ☐
- F Wandhydranten sind meist für Mitarbeiter und die Feuerwehr gedacht. ☐

592. Eine Drehleiter zur Rettung von Personen …

- A … wird benötigt, wenn der Boden um mehr als 7 m oder die Brüstungshöhe mehr als 8 m oberhalb der Geländehöhe liegt. ☐
- B … wird ausschließlich für Hochhäuser benötigt. ☐
- C … ist nur bis 8 m Brüstungshöhe zugelassen. ☐
- D … ist aufgrund des Erlasses DVGW W 405a-II der Bundesregierung nicht mehr zur Rettung von Personen zugelassen. ☐

593. Wann sind nasse Wandhydranten zu prüfen bzw. zu warten?

- A Vor der Inbetriebnahme und dann jedes Jahr (DIN 14462). ☐
- B Nie, denn eine Wasserleitung funktioniert immer (einen Ausfall würde man zwangsläufig mitbekommen). ☐
- C Einmal im Jahr, analog den Brandschutzklappen. ☐
- D Nach verfahrenstechnischen Änderungen im Einsatzbereich des Wandhydranten. ☐

594. Welche Löschwassermenge wird in einem Gewerbegebiet mindestens benötigt?

- A 1 600 l/min (= 96 m^3/h) für mindestens 2 Stunden. ☐
- B 1 600 l/min für mindestens 1 Stunde. ☐
- C 3 200 l/min (= 192 m^3/h) für mindestens 120 Minuten. ☐
- D 3 200 l/min für mindestens 1 Stunde. ☐

595. Welche Löschwassermenge benötigt man nach den gesetzlichen Vorgaben mindestens in einem Industriegebiet?

- A 192 m^3 Löschwasser für die erste Stunde und dieselbe Menge für die zweite Stunde, danach darf die Löschwassermenge verbraucht sein bzw. abnehmen. ☐
- B 192 l pro Minute ☐
- C 1 600 l/min ☐
- D 192 m^3 ☐

596. Ein Löschwasserhydrant wird mit „H 100" ausgeschildert. Welche Löschwassermenge kann man hier in etwa entnehmen?

- A Ca. 100 l/min, wenn ein Mundstück angesetzt ist, ohne Mundstück am Schlauch 200 l/min. ☐
- B Ca. 1 000 l/min ☐
- C Ca. 1 600 l/min ☐
- D Ca. 3 200 l/min ☐

597. Welche anlagentechnischen Maßnahmen löschen Brände?

- A Brandmeldeanlage ☐
- B Sprinkler-Brandlöschanlage ☐
- C Turbo-Entrauchungsanlage ☐
- D Ansul-Ultraschallanlage ☐
- E Argon-Gaslöschanlage ☐

598. Welches Verhalten ist bei einem kleinen Entstehungsbrand korrekt?

A Immer die Feuerwehr rufen. ☐
B Als Erstes den Feuerversicherer anrufen. ☐
C Kleine Brände mittels Feuerlöscher löschen. ☐
D Fenster in dem brennenden Raum nicht öffnen. ☐
E Entrauchungsanlage möglichst spät aktivieren. ☐
F Es gilt: Personenschutz vor Sachwerteschutz. ☐

599. Welche Löschmittelmengen würden Sie für ein Büro empfehlen?

A Löscher mit 2 kg Löschmittel. ☐
B Löscher mit 5–6 kg bzw. l Löschmittel. ☐
C Löscher mit 12 kg Löschmittel, weil die Löscheffektivität größer ist. ☐
D Fahrbare Löscher mit 30 kg Löschmittel; diese erreichen die höchste Löschkraft. ☐

600. In welcher Höhe sollten Feuerlöscher in etwa aufgehängt werden?

A Griffhöhe ca. 80–120 cm. ☐
B Sie sollten direkt am Boden stehen. ☐
C Der Abstand vom Boden zur Unterkante des Löschers sollte 2 m nicht unterschreiten. ☐
D Der Feuerlöscher sollte in Gesichtshöhe hängen, also ca. in 1,6–1,8 m Höhe, damit er optimal aufgefunden werden kann. ☐

601. Welche Feuerlöscher dürfen bei brennenden Metallen nicht zum Einsatz kommen?

A ABC-Pulverlöscher ☐
B Schaumlöscher ☐
C Wasserlöscher ohne Zusatzstoffe. ☐
D Wasserlöscher mit Zusatzstoffen. ☐
E D-Pulverlöscher ☐
F CO_2-Handfeuerlöscher ☐

602. Wofür sind Feuerlöscher gedacht?

A Zum Löschen von Vollbränden, wenn mehrere Löscher zur Verfügung stehen. ☐
B Zum Löschen von kleinen Entstehungsbränden im Anfangsstadium. ☐
C Jeder rote Feuerlöscher kann grundsätzlich jeden Brand löschen, unabhängig vom brennenden Material. ☐
D Feuerlöscher sollen primär beruhigend auf die in einem Gebäude befindlichen Personen wirken. ☐

603. Es brennt im Heizungskeller, die unterste Etage ist bereits großflächig verraucht. Welches Verhalten ist richtig?

A Feuerwehr rufen. ☐
B Tür zum Keller versperren. ☐
C Tür zum Keller schließen. ☐
D Feuer mittels Pulverlöscher oder CO_2-Löscher bekämpfen. ☐
E Löschversuch nur zu zweit mit mindestens zwei Feuerlöschern (ideal: zwei Personen mit je zwei Feuerlöschern) durchführen. ☐

604. In einer mit fahrbaren Löschgeräten ausgestatteten Industrie-Lagerhalle brennt es, ein Mitarbeiter liegt bewusstlos am Boden des verrauchten Raums. Wie verhalten Sie sich korrekt?

A Versuchen, mithilfe einer zweiten Person die bewusstlose Person umgehend ins Freie zu bekommen, ohne ein unkalkulierbares persönliches Risiko dabei einzugehen. ☐
B Löschen des Feuers mit dem bereitgestellten Feuerlöscher. ☐
C Rufen der Feuerwehr; mehr muss, kann und soll man nicht tun. ☐
D Als einzige Maßnahme: Aktivierung der RWA-Anlage – somit wird die Person schnell wieder Sauerstoff durch die Frischluft und den Abzug des Rauchs bekommen. ☐

605. Wodurch löscht Pulver?

- A Es erstickt das Feuer, weil es auf den brennenden, heißen Gegenständen sintert und den Sauerstoff nicht mehr an die brennbaren Gegenstände herankommen lässt. ☐
- B Es kühlt ab. ☐
- C Es findet – analog früher dem Halon – ein antikatalytischer Effekt statt. ☐
- D Es inhibiert. ☐

606. Wodurch löscht Wasser?

- A Die Wasserwolke verdrängt den Luftsauerstoff. ☐
- B Wasser kühlt die brennenden Gegenstände unter die Temperatur, bei der sie brennen können. ☐
- C Wasser erstickt das Feuer. ☐
- D Wasserlöscher sind nicht mehr zeitgemäß, weil es mittlerweile moderne Halonlöscher und ABC-Pulverlöscher gibt. ☐

607. Wie werden die Löschmittel Wasser, Pulver oder Schaum aus einem Feuerlöscher ausgebracht?

- A Mittels Handpumpe, analog einer Kübelspritze (Baumspritze). ☐
- B Mit einem Gas, meist Kohlendioxid oder Stickstoff. ☐
- C Mit dem Gas Sauerstoff. ☐
- D Mit dem Gas Kohlenmonoxid. ☐
- E Mit Druckluft. ☐
- F Durch die Kompression des Löschmittels beim maschinellen Einfüllen wirft der Überdruck bei Betätigung des Feuerlöschers das Löschmittel aus. ☐

608. Wie löscht ein Löscher mit Kohlendioxid (CO_2) primär?

- A Erstickend ☐
- B Kühlend ☐
- C Es gibt keine Löscher mit Kohlendioxid, es gibt lediglich Kohlensäurelöscher, die durch Sauerstoffbindung (chemische Reaktion) löschen. ☐
- D Durch die Pulverwolke. ☐

609. Was ist kein Bestandsteil eines modernen Handfeuerlöschers?

A Außenliegende Löschmittel-Flasche. ☐
B Zündladung zum Ausbringen des Löschmittels (analog der Auslösung eines Airbags im Auto). ☐
C Wasserstoff-Druckbefüllung zum Ausbringen des Löschmittels. ☐
D Methangas-Kartusche zum Aufbauen des nötigen Drucks von bis zu 15 bar, um das Löschmittel auszubringen. ☐

610. Wie muss der Zugang für die Feuerwehr zu einem Gebäude aussehen, bei dem lediglich ein Zugang erforderlich ist?

A Ausgeschildert ☐
B 3,5 m hoch, mindestens 3 m breit. ☐
C Beleuchtet ☐
D Lediglich ein begehbarer Weg, um an das Gebäude zu gelangen. ☐
E Absolut frei zu halten. ☐

611. Wie muss die Zufahrt für die Feuerwehr zu einem Gebäude aussehen, für das eine Zufahrt erforderlich ist?

A Ausgeschildert ☐
B Mindestens 3,5 m hoch und mindestens 3 m breit. ☐
C Ohne Absperrung. ☐
D Beleuchtet ☐
E Frei halten ☐
F Ausreichend befestigt bzw. ausreichend tragfähig (16 Tonnen). ☐

612. Wo dürfen Wasserlöscher nicht eingesetzt werden?

A Neugeborenenstation im Krankenhaus. ☐
B Versammlungsstätten ☐
C Kaufhäuser ☐
D Lager von brennbaren Flüssigkeiten. ☐
E Wohnbereiche ☐
F Küchenbereiche ☐

613. Welches Löschmittel ist bevorzugt anzuwenden, wenn ein Lager auf ca. 10 m^2 Fläche brennt?

A 12 kg Pulverlöscher ☐
B 10 l Wasserlöscher ☐
C Wandhydrant mit formstabilem Schlauch. ☐
D Fahrbarer CO_2-Löscher mit 50 kg Löschmittel. ☐

614. Was entspricht nicht mehr den Regeln der Technik?

A Wandhydranten mit formstabilen Schläuchen. ☐
B D-Pulverlöscher für Metallbrände. ☐
C Wandhydranten mit nicht formstabilen Schläuchen für die Mitarbeiter. ☐
D Nasse Sprinkleranlagen. ☐

615. Welcher Wasserlöscher ist am effektivsten?

A Einer, der das Löschwasser besonders schnell ausbringt. ☐
B Wasserlöscher sind nie effektiv. ☐
C Einer, der das Löschwasser besonders fein verteilt. ☐
D Die neuen Löscher, die nicht mehr rot, sondern silbern lackiert sind. ☐

616. Sie sind mit einem Mitarbeiter im Lager, wo eine Holzpalette brennt. Sie haben einen Pulverlöscher und einen Schaumlöscher zum Löschen zur Verfügung. Welches Verhalten ist richtig?

A Beide Löscher sind gleichzeitig einzusetzen. ☐
B Zunächst ist der Pulverlöscher einzusetzen und dann der Schaumlöscher. ☐
C Es ist nur einer von beiden einzusetzen, weil sich Pulver und Schaum gegenseitig zerstören; aufgrund der schädlichen Wirkung des Pulvers sollte der Schaumlöscher zum Einsatz kommen. ☐
D Beide Löscher sind ungeeignet, man muss hier einen A-Löscher (also Wasser) einsetzen. ☐

617. Wie viel Liter Löschwasser kommen in etwa aus einem Wandhydranten (Typ S) mit Mundstück je Minute?

A 400 Liter ☐
B 200 Liter ☐
C 100 Liter ☐
D 25 Liter ☐

618. Wofür sind Heimrauchmelder gedacht?

A Sachwerteschutz ☐
B Personenschutz, primär für wache Menschen. ☐
C Personenschutz, primär für schlafende Menschen. ☐
D Reduzierung der Feuer-Versicherungsprämie. ☐

619. Welche Vorteile hat eine Hochdruck-Wassernebelanlage gegenüber einer konventionellen Sprinkleranlage?

A Es wird bei der Hochdruck-Wassernebelanlage weniger Wasser benötigt für den in etwa gleichen Löscheffekt. ☐
B Diese Anlagen kosten deutlich weniger in Anschaffung und Unterhalt. ☐
C Der Löschmittelschaden wird minimiert. ☐
D Man kann mit fein verteiltem Wasser auch optimal brennende Computer, Fritteusen und Gasflaschenlager löschen. ☐

620. Welche Löschanlage ist für eine Produktionsstätte (Möbel) besonders geeignet?

A Kohlendioxid ☐
B Pulver ☐
C Schaum ☐
D Wasser ☐

621. Was unterscheidet eine Sprühwasser-Löschanlage von einer konventionellen Sprinkleranlage?

A Die Sprühwasser-Löschanlage benötigt deutlich weniger Wasser. ☐
B Die Sprühwasser-Löschanlage kann einen Vollbrand löschen, die Sprinkleranlage nicht. ☐
C Die Sprühwasser-Löschanlage ist für Küchenbereiche (Pfannen, Fritteusen) geeignet, die konventionelle Sprinkleranlage nicht. ☐
D Die Anschaffungskosten der Sprinkleranlage sind etwa doppelt so hoch. ☐

622. Wo setzt man eine vorgesteuerte Sprinkleranlage ein?

A In Küchen, oberhalb Pfannen und Fritteusen. ☐
B An Funken-Erodiermaschinen. ☐

C In Rechenzentren, wenn eine Sprinklerung von der Baubehörde gefordert wird, um bei Fehlalarm einen Wasserschaden zu vermeiden. ☐
D Diese sind ausschließlich für Tiefgaragen gedacht. ☐

623. Wonach richtet sich die Anzahl der nötigen Feuerlöscher?

A Das legt die Feuerwehr fest. ☐
B Nach den verbindlichen Richtlinien des Deutschen Feuerschutzverbands. ☐
C Nach der ASR A 2.2. ☐
D Die Betriebssicherheitsverordnung regelt die Quantität, im Arbeitsschutzgesetz findet man die Qualität (Art des Löschmittels). ☐

624. Welcher Löscheinsatz kann aufgrund des Löschmittels tödlich enden?

A Wasser in Fritteuse. ☐
B Schaum auf brennendem Metall. ☐
C CO_2 auf Holz. ☐
D Einsatz von D-Pulver bei einem A-Brand. ☐
E A-Löschmittel auf D-Brand. ☐

625. Welcher Löscheinsatz ist ineffektiv, aber nicht gefährlich?

A CO_2 bei Holzbrand. ☐
B D-Pulver bei einem Brand in der EDV. ☐
C Wasser bei brennenden, ölgetränkten Aluminiumspänen. ☐
D Löschsand bei Kaminbrand. ☐

626. Was bedeutet das Kürzel „LE“ im Brandschutz?

A **L**ehr**e**inheit (Unterrichtseinheit à 45 min, davon sind acht pro Jahr vorgeschrieben). ☐
B **L**ösch**e**imer (für Sand und/oder Wasser). ☐
C **L**öschmittel**e**inheit (Grundlage für die Berechnung der Anzahl der Feuerlöscher, abhängig vom Löschmittel). ☐
D **L**öschmittelrückhalte**e**inrichtung (damit keine gefährlichen wasserlöslichen Stoffe ins Grundwasser geraten, entsprechend der Löschmittelrückhalte-Richtlinie). ☐
E **L**eckage**e**quipment (Grundausrüstung eines Hilfeleistungslöschfahrzeugs der Feuerwehr). ☐

627. Welche Löschgeräte können für „normale" Mitarbeiter gestellt werden?

A Wandhydranten ☐
B Handfeuerlöscher ☐
C Fahrbare Löscher ☐
D B-Rohr ☐

628. Womit wird die Feuerwehr einen Vollbrand in einem Büro löschen?

A Mit Löschwasser aus einem Feuerwehr-Löschschlauch. ☐
B Nicht mit Wasser, weil das den Elektrogeräten im Büro zu großen Schaden zufügt. Die Feuerwehr wird (um nicht auf Schadenersatz verklagt zu werden) mit CO_2 löschen. ☐
C Mit Handfeuerlöschern. ☐
D Mit Wandhydranten, Typ S. ☐

629. Welche bzw. welches Löschmittel ist ideal im Bereich der Lebensmittelherstellung?

A ABC-Pulverlöscher, BC- Pulverlöscher. ☐
B CO_2-Löscher, Wasser- oder Schaumlöscher. ☐
C D-Pulverlöscher ☐
D LMV-Pulverlöscher (LMV = **L**ebens**m**ittel**v**erträglichkeit). ☐
E Nicht eingreifen und im Brandfall die Feuerwehr rufen. ☐

630. Welche/s Löschmittel ist/sind ideal in einem Büro?

A Wasserlöscher für Feststoffbrände, Löscher mit Kohlendioxid (CO_2) für Gerätebrände. ☐
B Nur Wasser. ☐
C Nur CO_2. ☐
D ABC-Pulver ☐
E Wandhydranten ☐
F Halonlöscher oder solche mit Kohlenmonoxid (CO). ☐

631. Seit geraumer Zeit gibt es Löschmittel-Spraydosen. Was gilt?

A Sie sind verboten. ☐
B Sie sind alle sehr gefährlich. ☐
C Sie dürfen additiv an passenden Stellen zu zugelassenen Handfeuerlöschern bereitgestellt werden. ☐
D Sie können nicht (wie Handfeuerlöscher) überprüft werden. ☐
E Diese sind, analog zu Feuerlöschern, nach einem Einsatz instand zu setzen. ☐

632. Als Sie Ihr Büro in einer Lagerhalle verlassen, stellen Sie fest, dass es in der Lagerhalle stark brennt. Die Halle hat 4 000 m² Fläche und 8 m Lagerhöhe. Wie verhalten Sie sich jetzt richtig?

A Zurück in das Büro gehen und von dort auf Rettung warten; ggf. die Feuerwehr per Telefon rufen. ☐
B Gebückt/kriechend den Bereich umgehend in die Richtung verlassen, die am sichersten erscheint. ☐
C Den nächsten Feuerlöscher suchen und das Feuer löschen. ☐
D Aus der Halle sofort die Feuerwehr per Telefon anrufen. ☐
E Gabelstapler-Ladegeräte stromlos schalten, Licht ausmachen, Feuerwehr rufen, Bereich verlassen. ☐

633. Früher gab es die Brandklasse „E" für elektrische bzw. elektronische Gerätschaften. Diese Brandklasse wurde ersatzlos abgeschafft. Was gilt nun?

A Man darf diese Geräte nicht mehr löschen. ☐
B Man nimmt einen CO_2-Löscher. ☐
C Man nimmt einen ABC-Löscher. ☐
D Man nimmt einen H_2O-Löscher. ☐

634. Wie lange darf man eine Löschmittel-Spraydose im Unternehmen verwenden?

A Zwei Jahre. ☐
B Überhaupt nicht. ☐
C Entsprechend dem Aufdruck (Verfallsdatum). ☐
D Maximal ein Jahr. ☐

635. Was ist spätestens nach einem Brand umgehend zu tun?

A Die Feuerversicherung(en) informieren. ☐
B Für Schadensminderung sorgen, damit keine unnötige Schadensvergrößerung entsteht. ☐
C Alle Bereiche umgehend begehen, um Wertgegenstände vor den Flammen zu retten. ☐
D Die Gewerbeaufsicht über den Schadeneintritt informieren. ☐

636. Eine Fritteuse in der Kantinenküche fasst 60 l, sie ist jedoch lediglich mit 15 l gefüllt und beginnt gerade zu brennen. Wie lässt sich der Brand löschen (Annahme, dass die nachfolgend genannten Mittel in größeren Mengen vorhanden sind und keine sonstigen Löschmöglichkeiten zur Verfügung stehen)?

A Mit Wasser löschen. ☐
B Mit viel Kaffee- oder Milchpulver löschen. ☐
C Mit der Zugabe von viel flüssigem Öl und Fett (Raumtemperatur) und gleichzeitigem Abdrehen des Stroms. ☐
D Viel Metallbesteck einwerfen, zur Wärmeaufnahme. ☐
E Nichts davon. ☐

637. Welches Löschmittel ist für den Einsatz in den folgenden Bereichen gut geeignet bzw. nicht zu empfehlen/gefährlich?

Bereich	Gut geeignet	Ungeeignet/gefährlich
Küche		
EDV		
Büro		
Tiefgarage		
Freibereiche		
Gaslager		

638. Welches Löschmittel ist für den Einsatz in den folgenden Bereichen gut geeignet bzw. nicht zu empfehlen/gefährlich?

Bereich	Gut geeignet	Ungeeignet/gefährlich
Lebensmittelproduktion		
Holzbearbeitung		
Kunststoffproduktion		
Flüssiggaslager		
Aluminiumbearbeitung		
Lager Elektrogeräte		

639. Welche Brände werden mit den nachfolgend genannten Brandklassen gelöscht? Ordnen Sie jeder Brandklasse ein Einsatzbeispiel sowie ein Negativbeispiel zu.

Brandklasse	Einsatzbeispiel	Nicht einsetzen bei
A		
B		
C		
D		
F		

640. Worauf ist bei Fluchtwegplänen besonders zu achten?

A Sie müssen individuell dem Gebäude bzw. dem Bereich entsprechen. ☐
B Sie sind lagerichtig anzubringen. ☐
C Sie müssen nicht im EG angebracht werden, sondern lediglich in den unter- und überirdischen Bereichen. ☐
D Sie müssen abnehmbar an der Wand hängen. ☐
E Der Fluchtweg muss rot eingezeichnet sein, alles andere in Grautönen. ☐

641. Was sind „Laufkarten"?

A Das ist kein Begriff aus der Brandschutztechnik. ☐
B Sie zeigen die Position von Notausgängen an. ☐
C Sie zeigen die Position von Feuerlöschern an. ☐
D Sie zeigen an, welchen Weg die Feuerwehr von der Brandmelderzentrale zu den ausgelösten Brandmeldern gehen muss. ☐

642. Wozu dient ein Feuerwehrplan?

A Er zeigt Fluchtwege, Feuerlöscher und Ausgänge an. ☐
B Er zeigt Handfeuermelder, Wandhydranten und die Aktivierung der Notbeleuchtung an. ☐
C Er dient der Feuerwehr zur schnellen, umfassenden Information über im Brandfall relevante Gegebenheiten am/im Gebäude wie z. B. den Standort von technischen Anlagen mit Gefährdungspotential. ☐
D Er weist Dritten den Weg im Gebäude, wo sich Feuerwehralarmierungen befinden. ☐

643. Ordnen Sie den nachfolgenden Brandklassen je ein geeignetes Löschmittel zu.

Brandklasse	Mögliches Löschmittel im Feuerlöscher
A	
B	
C	
D	
F	

644. Wann braucht man Flächen für die Drehleiter der Feuerwehr?

A Wenn der zweite Fluchtweg baulich gegeben ist. ☐
B Immer, wenn der zweite Fluchtweg baulich nicht gegeben ist. ☐
C Wenn der Boden des höchsten Aufenthaltsraums höher als 7 m (Brüstungshöhe: > 8 m) liegt und der zweite Fluchtweg hierdurch hergestellt werden soll. ☐
D Bei Hochhäusern ab 22 m Höhe. ☐

645. Welche Brandklasse muss ein Feuerlöscher in einer Küche aufweisen, wenn in dieser Küche eine Fritteuse mit weniger als 30 l Fettinhalt betrieben wird?

A Brandklasse A ☐
B Brandklasse B ☐
C Brandklasse C ☐
D Brandklasse D ☐
E Brandklasse E ☐
F Brandklasse F ☐

646. In Deutschland gibt es …

A … Freiwillige Feuerwehren. ☐
B … Berufsfeuerwehren. ☐
C … Hochhausfeuerwehren. ☐
D … Betriebslöschgruppen. ☐
E … Werkfeuerwehren. ☐
F … Pflichtfeuerwehren. ☐
G … Autobahnfeuerwehren. ☐

647. Was ist bei der Neuanschaffung von Wandhydranten möglichst zu beachten?

A Möglichst in Treppenräumen installieren. ☐
B Möglichst nicht in Treppenräumen installieren. ☐
C Die Lösungen A und B sind gleich gut. ☐
D Wandhydranten sollen flächendeckend montiert sein. ☐

648. Ordnen Sie den genannten Löschmitteln (Wasser, ABC-Pulver, D-Pulver, Schaum, Fettbrandlöscher, CO_2) je einen geeigneten/ungeeigneten/gefährlichen Einsatzzweck zu.

Löschmittel	**Wasser**	**ABC-Pulver**	**D-Pulver**	**Schaum**	**Fettbrandlöscher**	**CO_2**
Geeignet						
Ungeeignet						
Hochgefährlich						

649. Welchen Druck weist in etwa ein Handfeuerlöscher in aktiviertem Zustand auf?

A Dauerdrucklöscher 4 bar, Aufladelöscher bis zu 6 bar. ☐
B Bis zu 15 bar. ☐
C Ca. 2 500 bar. ☐
D Ungefähr den 10-fachen Raumluftdruck, also ca. 1 000 hPa. ☐

650. Welches Gas treibt Löschmittel wie Wasser, Pulver, Schaum und Kohlendioxid meist aus dem Löscher?

A Pressluft bzw. Druckluft. ☐
B Sauerstoff ☐
C Methan ☐
D Argon ☐
E CO ☐
F Kohlensäure (H_2CO_3) ☐
G CH_4 ☐
H CO_2 oder Stickstoff (N_2). ☐

651. Was sind Flächen für die Feuerwehr?

A Die normalen Anfahrtswege (Straßen). ☐

B Befestigte Flächen auf dem Grundstück, um mit Feuerwehrfahrzeugen (z. B. Drehleiter) an Gebäude heranzufahren; Stellflächen für die Drehleiter; Bewegungsflächen. ☐

C Treppenräume und sog. notwendige Flure in Gebäuden, Gehwege zu den Gebäuden. ☐

D Die weißen Stellen des Formulars VdS 2259, um über einen Löscheinsatz versicherungskonform zu berichten. ☐

652. Wie schwer dürfen Handfeuerlöscher maximal sein?

A 4 kg ☐

B 6 kg ☐

C 10 l ☐

D 12 kg ☐

E 20 kg ☐

F 24 kg ☐

G Das ist nicht verbindlich geregelt. ☐

H Wenn ausschließlich männliche Beschäftigte in dem Bereich arbeiten: 25 kg, sonst 12 kg. ☐

653. Es hängen zwei Handfeuerlöscher nebeneinander mit unterschiedlichen Löschmitteln. An jedem Feuerlöscher ist ein Schild angebracht, wofür er einzusetzen ist. Wie beurteilen Sie dies?

A Einer von beiden muss weg; es dürfen nur gleichartige Löschmittel in einem Bereich vorgehalten werden. ☐

B Das kann sinnvoll sein, allerdings darf man nicht Schaumlöscher und Pulverlöscher zugleich einsetzen. ☐

C Das ist zwar gut gedacht, bringt im Brandfall jedoch keinen Vorteil, da zu viel Zeit verloren geht, bis man den richtigen Löscher ausgewählt hat. ☐

D Besser gar keine Feuerlöscher bereitstellen und im Brandfall fliehen, damit man sich nicht gefährdet. ☐

654. Was ist bei Wandhydranten zu beachten?

A Sie sollen nicht in Lagern installiert sein. ☐

B Sie dürfen nicht flächendeckend installiert sein. ☐

C Sie sollen sich in der Wirkfläche nicht überlappen. ☐

D Sie müssen mindestens in einem Radius von 5 m frei von Brandlasten gehalten werden. ☐
E Sie sollen formstabile Schläuche haben und sowohl für Mitarbeiter als auch für die Feuerwehr ausgelegt sein. ☐

655. Für welche Bereiche sind Schaumlöscher besonders geeignet?

A Bei Bränden in der EDV. ☐
B Zum Löschen eines Gasbrandes. ☐
C Nirgends. ☐
D Bei A- und B-Bränden. ☐
E Da Schaum die Klassen A, B und C abdeckt, sind Schaumlöscher für alle Arten von Bränden (bis auf brennbare Metalle) gut geeignet. ☐

656. Wie schwer dürfen fahrbare Feuerlöscher maximal sein?

A Solche gibt es nicht mehr, es gibt heutzutage nur noch tragbare Feuerlöscher. ☐
B 12 kg ☐
C 20 kg ☐
D 50 kg ☐
E Das ist nicht beschränkt, sie wiegen aber deutlich über 20 kg. ☐

657. Was gehört u.a. zum Aufgabenfeld der Feuerwehr?

A Brandschutt wegräumen. ☐
B Schadensprävention in Richtung „Brandschutz". ☐
C Mitarbeiter brandschutztechnisch schulen, unterweisen im Umgang mit Feuerlöschern. ☐
D Löschen, Helfen, Bergen, Retten, technische Hilfeleistung in Notfällen. ☐

658. Für welche Brandklasse ist ABC-Pulver geeignet?

A Für alles, was brennen kann. ☐
B Feste, flüssige und gasförmige Stoffe. ☐
C Brennbare Metalle. ☐
D Es gibt keine Löscher, die A, B und C abdecken. ☐

659. Welche Aussage/n über Hydranten für die Feuerwehr im Freien ist/ sind richtig?

A Unterflurhydranten sind hochwertiger und besser. ☐
B Überflurhydranten können schneller aufgefunden und aktiviert werden. ☐
C Überflurhydranten können im Winter leichter einfrieren. ☐
D Überflurhydranten sind schwerer zuzustellen, können aber dafür leichter umgefahren werden. ☐
E Wird ein Überflurhydrant umgefahren, schießt eine Wasserfontäne aus der Leitung nach oben. ☐

660. Welche Aussage/n über Löschwasserleitungen ist/sind richtig?

A Eine DN 200-Leitung speist exakt 2,5 mal so viel Wasser wie eine Leitung der Mächtigkeit DN 80. ☐
B Löschwasser wird in separaten Leitungen geführt, die unterhalb vom Trinkwasserniveau angesiedelt sind. ☐
C Eine Stichleitung ist wesentlich stabiler ausgeführt und lässt daher eine Wasserentnahme unter größerem Druck zu als eine sog. Ringleitung. ☐
D Eine Ringleitung der Mächtigkeit DN 1 000 mit ausreichend vielen Hydranten würde für ein Industriegebiet eventuell schon ausreichend sein. ☐

661. Welche privaten, nichtöffentlichen Feuerwehren kann es geben?

A Freiwillige Feuerwehr ☐
B Betriebslöschgruppe ☐
C Werkfeuerwehr ☐
D Industriebaufeuerwehr ☐
E Berufsfeuerwehr ☐

662. Welche Atemschutzgeräte funktionieren unabhängig von der Umgebungsatmosphäre?

A Partikelfilter der EU-Klassen I und II ☐
B Schlauchgeräte ☐
C Umluftabhängiges Beatmungsgerät ☐
D Regenerationsgeräte ☐
E Flaschengeräte ☐

663. Welche der folgenden Aussage(n) über Löschwasser ist/sind korrekt?

A Es müssen mindestens 48 m^3/h, 96 m^3/h oder 192 m^3/h für die erste und für die zweite Stunde in Wohngebieten, in Gewerbegebieten und in Industriegebieten in Deutschland zur Verfügung stehen. ☐
B Löschwasser darf auch aus größeren Flüssen entnommen werden, wenn gewährleistet ist, dass das kontaminierte Löschwasser nicht zurück in den Fluss fließt. ☐
C Löschwasser darf auch in Tanks oder künstlichen Seen bereitgestellt werden. ☐
D Nach 2 Stunden darf die Löschwassermenge nachlassen bzw. verbraucht sein. ☐

664. Welche Löschwasserleitungen gibt es?

A Nur Ringleitungen. ☐
B Nur Stichleitungen. ☐
C Sowohl Ring- als auch Stichleitungen. ☐
D Löschwasser wird ausschließlich durch Tanklöschfahrzeuge vor Ort gefördert. ☐

665. Welche Löschanlage sollte nach der jeweiligen Garagenverordnung in einer Großgarage installiert sein?

A Gase, um die Elektronik der Fahrzeuge nicht zu beschädigen. ☐
B Schaumlöschanlage ☐
C Pulverlöschanlage ☐
D Sprühflutanlage ☐
E Sprinkleranlage ☐

666. Welche Stoffe verbrennen fast ausschließlich mit Glut?

A Gase ☐
B Flüssigkeiten ☐
C Kohle, insbesondere Holzkohle ☐
D Papier ☐
E Benzin ☐

667. Wozu dient eine Feuerlöschdecke in der Küche?

A Löschdecken gelten aufgrund der Personengefährdung in Küchen nicht mehr als Stand der Technik; geeigneter ist der Einsatz von Fettbrandlöschern. ☐
B Sie dient dem Personenschutz. ☐
C Eine Forderung der BG. ☐
D Das ist das optimale Löschmittel bei Pfannen- und Fritteusenbränden und kann auch bei Personenbränden schnell angewandt werden. ☐

668. Auf einem Löscher steht „BC-Pulver". Was bedeutet das?

A Die Bezeichnung BC-Pulver gibt es nicht mehr. ☐
B Damit lassen sich brennbare Feststoffe löschen. ☐
C Damit lassen sich brennbare Flüssigkeiten löschen. ☐
D Damit lassen sich brennbare Gase löschen. ☐
E Damit lassen sich brennbare Metalle löschen. ☐
F Damit lassen sich optimal Fritteusen und Pfannenbrände löschen. ☐

669. Für welche Brände eignen sich die nachfolgend genannten Löschmittel? Ordnen Sie jedem Löschmittel einen brennbaren Stoff zu.

Buchst.	Löschmittel	Nr.	Brennende Gegenstände
A	Kohlendioxid	1	Möbel
B	Wasser	2	Gase
C	Schaum	3	Metalle
D	ABC-Pulver	4	Spiritus
E	Fettbrandlöschmittel	5	Fritteuse
F	D-Pulver	6	EDV-Gerät

670. Welche praktischen Feuerlöschübungen werden in Unternehmen üblicherweise durchgeführt?

A Brände mit Handfeuerlöscher löschen. ☐
B Brände mit Wandhydranten löschen (sofern vorhanden). ☐
C Löschübungen sind aus Umweltschutzgründen in Deutschland nicht gern gesehen. ☐
D Löschen mit einem C-Rohr. ☐
E Löschen mit einem B-Rohr. ☐

671. Welche Aussage/n über Löschdecken ist/sind richtig?

A Sie können Feuerlöscher komplett ersetzen. ☐
B Sie sind das geeignetste Löschmittel bei brennenden Personen. ☐
C Sie sind das geeignetste Löschmittel bei brennenden Pfannen und Fritteusen. ☐
D Nichts von den drei Punkten ist richtig. ☐

672. Ordnen Sie den nachgenannten brennbaren Stoffen die Brandklasse des geeigneten Feuerlöschers zu (A, B, C, D, F).

Stoff	Brandklasse des geeigneten Feuerlöschers
Benzin	
Holz	
Papier	
Aluminiumspäne	
Speiseöl	
Gase	
Glasscherben	
Polstermöbel	

673. Welcher Unterschied besteht zwischen Auflade-Handfeuerlöschern und Dauerdruck-Handfeuerlöschern?

A Es gibt keinen relevanten Unterschied; beide löschen gleich gut und gleich sicher. ☐
B Aufladelöscher sind hochwertiger, sicherer, zuverlässiger. ☐
C Dauerdrucklöscher sind hochwertiger, sicherer, zuverlässiger. ☐
D Diese beiden Arten gibt es nicht, es gibt lediglich sog. Treibgas-Handfeuerlöscher. ☐

674. Auf was ist beim Löschen einer brennenden Person besonders zu achten?

A Zuerst die Person beruhigen, um Panik und Weglaufen zu vermeiden. ☐
B Mit Kohlendioxid darf auf keinen Fall gelöscht werden! ☐
C Möglichst mit einer Löschdecke löschen. ☐

D Personen sind immer im Stehen, nie im Liegen zu löschen. ☐
E Ein Feuerlöscher ist das geeignetste Mittel. ☐
F Die Feuerwehr rufen und selber besser keinen Löschversuch unternehmen (Gefahr, dass sich die eigenen Haare/Kleidung entzünden). ☐
G Es ist wichtig, keine Zeit zu verlieren und die Person binnen Sekunden zu löschen. ☐

675. Welche Schutzmöglichkeiten sind zur Personensicherheit beim möglichen Auftreten von Atemgiften zu treffen?

A Partikelfilter ☐
B Umgebungsluftabhängiges Atemschutzgerät. ☐
C Umgebungsluftunabhängiges Atemschutzgerät. ☐
D Kurzzeitig nicht durch die Nase, sondern durch den Mund atmen und davor ein Tuch halten. ☐

676. Ist es zulässig, einen tatsächlich nur sehr kurz benutzten Feuerlöscher nach seinem Einsatz wieder an den Halter zu hängen?

A Das kann geduldet werden, weil üblicherweise nur ca. 5 % des Löschmittels ausgebracht worden ist. ☐
B Nein, denn der Druck wird sehr schnell abbauen, dann ist der Löscher ineffektiv. ☐
C Das ist zulässig, sonst wäre es ein strafbares Delikt. ☐
D Der Löscher ist von einer Fachperson wieder instand zu setzen; idealerweise wird für diese Zeit ein Reservelöscher vorgehalten. ☐

677. Welche Löschwassermenge wird für ein Industriegebiet in den ersten beiden Stunden gefordert?

A 192 m^3 pro Stunde für 2 Stunden. ☐
B 3 200 Liter ☐
C 92 m^3 ☐
D 5 000 l ☐
E 100 000 l ☐

678. Wozu dient ein Feuerwehrplan nach DIN 14095?

A Dieser zeigt das korrekte Verhalten im Brandfall und auch bei Unfällen auf. ☐

B Dieser enthält die komplette Brandschutzordnung, Teile A, B und C. ☐

C Dieser dient der Feuerwehr, um sich im Einsatzfall über die Gesamtsituation schnell ein objektives Bild machen zu können und eine mögliche Gefährdung des bei einem Löscheinsatz beteiligten Feuerwehrpersonals sowie Umweltgefährdungen aufgrund kontaminierten Löschwassers zu vermeiden. ☐

D Dieser enthält den Gebäudegrundriss mit den Ausgängen und der Lage von Handfeuerlöschern. ☐

679. Sie haben einen sog. Reinstraum (Labor/Produktionsanlage). Welche Handfeuerlöscher installieren Sie dort?

A Keine, denn die Sauerstoff-Reduzierungsanlage macht einen Brand unmöglich und somit auch Handfeuerlöscher unnötig. ☐

B Wasser und/oder Kohlendioxid. ☐

C ABC-Löscher, um alle Brandgefahren (A, B und C) abzudecken. ☐

D Eine Gas-Löschanlage macht Handfeuerlöscher überflüssig. ☐

E Sofern Wandhydranten flächendeckend angebracht sind, werden Handfeuerlöscher überflüssig. ☐

680. Was zeichnet einen Rettungstunnel aus einem großen Industriebau aus?

A Er darf keine Tür haben, ausgenommen zum Ausgang. ☐

B Er muss gegen die Laufrichtung belüftet werden. ☐

C Er muss beleuchtet sein und mit Notstrom versorgt werden. ☐

D Es dürfen nur Leitungen verlegt werden, die dort nötig sind. ☐

681. Wie sind die Wände von Treppenräumen in der Gebäudeklasse 5 auszugestalten?

A Feuerhemmend ☐

B Hochfeuerhemmend ☐

C Feuerbeständig ☐

D In der Bauart von Brandwänden. ☐

682. Wie sind die nachfolgend genannten Zwischentüren nach der MBO brandschutztechnisch klassifiziert?

A Türe zwischen Treppenraum – Wohnung:

____

B Türe zwischen Treppenraum – Dachstuhl:

____

C Türe zwischen Gebäude 1 – Gebäude 2 (Brandwand):

____

D Türe zwischen notwendigem Flur – Lagerraum:

____

E Türe zwischen Wohnungsflur – Wohnzimmer:

____

F Türe zwischen notwendigem Flur – Wohnung:

____

683. Was unterscheidet eine Brandwand um einen Treppenraum von einer innenliegenden Brandwand, die zwei Gebäude trennt?

A Die Türen im Treppenraum müssen zum Keller T 30, zu sonstigen Nutzungseinheiten dicht und selbstschließend und zu notwendigen Fluren rauchdicht und selbstschließend ausgelegt sein. Die Türen in Brandwänden müssen immer feuerbeständig sein. Die meisten Brandwände werden auch über die Gebäude geführt oder sie werden beiderseits mit einer ≥ 50 cm auskragenden feuerbeständigen Platte aus nichtbrennbaren Baustoffen errichtet. ☐

B Alle Türen müssen T 90 ausgelegt sein. ☐

C Alle Türen müssen T 30 ausgelegt sein. ☐

D Alle Türen müssen vollwandig, dicht/rauchdicht und selbstschließend ausgelegt sein. ☐

684. Sind Treppen im Freien brandsicherer als solche in Gebäuden?

A Ja. ☐

B Nein, weil sie bei Regen rutschig sind; deshalb sollten sie eingehaust werden. ☐

C Wenn sie nicht aus verzinktem Stahl, sondern feuerbeständig aus Beton errichtet werden, sind sie besonders sicher. ☐

D Freitreppen sind laut MBO verboten. ☐

685. Welche Türen werden in feuerbeständige Wände eingebaut?

A Vollwandig, dicht/rauchdicht und selbstschließend. ☐

B T 30, ggf. auch T 30-RS. ☐

C T 60 ☐

D T 90 ☐

686. Die jeweilige Landesbauordnung verbietet leichtentflammbare Baustoffe. Sind leichtentflammbare Einrichtungsgegenstände damit auch verboten?

A Ja, hier besteht ein Gleichlauf. ☐

B Nein, die Bauordnung nimmt zwar Einfluss auf die Art der Nutzung eines Gebäudes, nicht aber auf die Brandeigenschaften der Einrichtungsgegenstände. ☐

C Teppiche, Tischtücher, Bettwäsche und Vorhänge müssen in Wohnungen mindestens schwerentflammbar sein. ☐

D Teppiche, Tischtücher, Bettwäsche, Vorhänge und Kleidungen müssen in Wohnungen mindestens normalentflammbar sein. ☐

687. Was gehört alles dazu, um wirksame Löscharbeiten zu ermöglichen? Nennen Sie mindestens drei Punkte.

____

____

7. Organisatorischer Brandschutz

688. Ist vor Beginn von feuergefährlichen Arbeiten ein Erlaubnisschein auszufüllen?

A Ja, immer. ☐
B Nein, nie. ☐
C Nur, wenn eigene Mitarbeiter solche Arbeiten ausführen. ☐
D Nur wenn die feuergefährlichen Arbeiten in Gebäuden stattfinden, nicht im Freien. ☐
E Nur, wenn keine Fachleuchte diese Arbeiten ausführen. ☐
F Immer dann, wenn durch diese Arbeiten eine Brandgefahr entstehen kann. ☐

689. Dürfen Kopierer in sog. notwendigen Fluren platziert werden?

A Ja, wenn diese in einer Nische stehen und somit den Fluchtweg nicht einengen. ☐
B Ja, wenn sie den Fluchtweg nicht einengen und mit einem zugelassenen System im Brandfall sicher automatisch eingehaust werden (damit das Feuer erstickt). ☐
C Nein, das ist ausnahmslos verboten. ☐
D Mit einem Antrag auf Abweichung kann man sich das bei der zuständigen Baubehörde genehmigen lassen, oft auch nachträglich. ☐
E Kopierer enthalten kaum Brandlasten und der Strom reicht zur Zündung nicht aus, deshalb ist das erlaubt. ☐

690. Aus welchen Teilen besteht eine Brandschutzordnung nach DIN 14 096?

A Aus fünf Teilen: A1, A2, B1, B2 und B3. ☐
B Aus vier Teilen: A, B, C und D. ☐
C Aus den drei Teilen A, B und C. ☐
D Das ist nicht in der DIN geregelt, sondern in der Arbeitsstättenverordnung; die Brandschutzordnung besteht daher aus einem Teil. ☐

691. Was sagt der Teil C der Brandschutzordnung aus?

A Es gibt nur zwei Teile (I und II), keinen Teil C. ☐
B Er enthält Informationen für Mitarbeitende mit besonderen Aufgaben in Notsituationen wie Brände. ☐
C Dieser Teil richtet sich an alle Mitarbeitende des Unternehmens; es werden Maßnahmen zur Brandschadenprävention aufgeführt sowie auch das korrekte Verhalten im Brandfall. ☐
D Das ist der Aushang, der für alle Personen gedacht ist, die sich im Gebäude aufhalten. ☐

692. Welchen Personen sind in einem Brandfall im Unternehmen besondere Aufgaben zugewiesen?

A Jedem Mitarbeiter/jeder Mitarbeiterin. ☐
B Ersthelfern und Brandschutzbeauftragten. ☐
C Flur- und Stockwerksbeauftragten. ☐
D Haustechnikern. ☐

693. Worauf ist zu achten, wenn man Flucht- und Rettungswegepläne in Gebäuden anbringt?

A Diese müssen auch bei Stromausfall beleuchtet und somit lesbar sein. ☐
B Sie müssen lagerichtig angebracht sein. ☐
C Der Standort muss eingezeichnet sein. ☐
D Sie müssen dem Gebäude bzw. dem Grundriss entsprechen. ☐

694. Was sind sog. Laufkarten?

A Das ist eine gleichbedeutende Bezeichnung für Flucht- und Rettungswegepläne. ☐
B Das sind Fluchtwegpiktogramme nach DGUV Vorschrift 9. ☐
C Laufkarten zeigen den Weg zu Ausgängen und/oder Feuerlöschern. ☐
D Laufkarten sind primär für die Feuerwehr, sie beschreiben den Weg von der Brandmelderzentrale zu den einzelnen Meldern. ☐

695. Was ist ein Feuerwehrplan?

A Dies ist ein Plan für die Feuerwehr, um sich über Gefahren und sonstige Situationen zu informieren, um einsatztaktisch optimal vorgehen zu können. ☐

B Feuerwehrpläne hängen in großen, komplexen Gebäuden, um über die Brandschutzordnung Teil A, die Fluchtwege sowie über das Verhalten bei Unfällen zu informieren. ☐

C Das sind bebilderte Laufkarten für die Feuerwehr, um die ausgelösten Melder verzögerungsfrei aufzufinden. ☐

D Dies ist eine Architektenzeichnung, in der lediglich die baulichen brandschutztechnischen Details wie Feuerlöscher, Handfeuermelder, Löschwasserrückhaltung (so nötig) oder Sprinkleranlagen augenfällig (also rot) eingezeichnet sind. ☐

696. Welche der nachfolgenden Aussagen hinsichtlich des Brandschutzes in einem großen Unternehmen ist korrekt?

A Die Fachkraft für Arbeitsschutz kümmert sich auch um den Brandschutz. ☐

B Der Brandschutz wird von vorgesetzten Personen eigenverantwortlich umgesetzt. ☐

C Es gibt qualifizierte Brandschutzbeauftragte, die weisungsfrei arbeiten können. ☐

D Der betriebliche Brandschutz wird der Gewerbeaufsicht und/oder der Feuerwehr auferlegt. ☐

E Der Brandschutz wird von jedem Mitarbeiter eigenverantwortlich umgesetzt. ☐

697. Was ist bei einer Gebäuderäumübung in den folgenden vier Stadien konkret zu tun? Notieren Sie mindestens je einen Punkt.

A Planung einer Übung:

____

B Vorbereitung einer Übung:

____

C Durchführung einer Übung:

____

D Nachbereitung einer Übung:

____

698. Welche ernstzunehmenden Zwischenfälle können bei Gebäuderäumungen auftreten?

A Menschen geraten in Panik, Menschen verhalten sich irrational. ☐
B Es kann wegen der Räumung zu Explosionen kommen. ☐
C Diebstähle von Mitarbeitern und/oder von Personen, die sich eingeschlichen haben. ☐
D Verärgerte Kunden wandern ab, weil sie niemanden am Telefon erreichen. ☐
E Nicht beaufsichtigte Elektrogeräte können in Brand geraten. ☐

699. Wo wird die brandschutzgerechte Schulung der Mitarbeiter alle zwei Jahre für Gebäude oder Gebäudeteile im Bereich der Industrie und des Gewerbes, die der Produktion oder Lagerung von Produkten oder Gütern dienen, gefordert?

A BG-Bestimmung ☐
B Muster-Industriebaurichtlinie ☐
C Landesbauordnung ☐
D Arbeitsschutz-Richtlinie ☐
E Arbeitssicherheitsausschuss (ASA) ☐

700. Wo wird das Abhalten von Gebäuderäumübungen gefordert?

A Arbeitsschutzgesetz ☐
B Arbeitsstättenverordnung ☐
C Arbeitsstätten-Richtlinien ☐
D Betriebssicherheitsverordnung ☐
E Jeweilige Landesbauordnung. ☐
F Arbeitssicherheitsgesetz ☐

701. Aus welchen Teilen besteht eine betriebliche Brandschutzordnung für Unternehmen?

A Gemäß DIN 14 096 aus den drei Teilen A (Aushang), B (Informationen für alle Mitarbeiter) und C (Vorgaben für Personen, die in Notsituationen besondere Aufgaben haben). ☐

B Gemäß DIN 14 096 aus den fünf Teilen A (Aushang für das Verhalten im Brandfall), B (Aushang für das Verhalten, um Brände zu vermeiden), C (Informationen für alle Mitarbeiter), D (Informationen für Fremde, Besucher, die sog. „Dritte") und E (Vorgaben für Personen, die in Notsituationen wie z. B. Bränden besondere Aufgaben haben). ☐

C Gemäß DIN 4102 aus den Teilen I, II und III (Aushang, Schulung, Verhalten). ☐

D Gemäß DIN EN 14 095 muss die Brandschutzordnung der Arbeitsplatzeinweisung nach der Betriebssicherheitsverordnung entsprechen. ☐

702. Wie ist mit Abfall korrekt umzugehen, um ein Brandrisiko möglichst zu vermeiden? Notieren Sie stichpunktartig drei konkrete Vorgaben.

____

____

703. An welchen Besprechungen/Begehungen sollte der Brandschutzbeauftragte im Unternehmen teilnehmen?

A Aus juristischen Gründen (Haftung) sollte man an keiner Besprechung teilnehmen und lediglich nach Bränden aktiv werden. ☐

B Ausschusssitzung zum Arbeitsschutz, Neubauvorhaben, Umbaugestaltung. ☐

C Begehungen mit der Feuerwehr. ☐

D Begehungen mit dem Feuerversicherer. ☐

704. Was gilt hinsichtlich des Brandschutzes, wenn Fremdfirmen im Unternehmen arbeiten?

A Für die von Fremdfirmen verursachten Brandschäden kommt immer die eigene Feuerversicherung auf. ☐

B Wenn es sich um qualifizierte Handwerker (Gesellen- oder Meisterbrief) handelt, so sind diese Personen bereits ausreichend geschult, informiert und sensibilisiert. ☐

C Man erkundigt sich, welches Arbeitsgerät konkret eingesetzt wird. ☐

D Man erkundigt sich, welche Arbeiten durchgeführt werden, mit welchen Energien gearbeitet wird und welche Stoffe (Gase, brennbare Flüssigkeiten) eingesetzt werden. ☐

E Bei mehrtägigen Arbeiten wird für den Brandschutz über die Nacht konkret besprochen, welche Arbeiten erlaubt sind und welche nicht. ☐

F Diese Arbeiten müssen immer vom eigenen Feuerversicherer genehmigt werden. ☐

G Vorab sind Feuerlöscher bereitzustellen und mobile Brandlasten aus dem Gefahrenbereich zu entfernen. ☐

H Es ist ein weisungsbefugter Koordinator nach § 6, DGUV Vorschrift 1 zu stellen. ☐

705. Wann bedarf es eines sog. Erlaubnisscheins für feuergefährliche Arbeiten?

A Immer, wenn im Unternehmen feuergefährliche Arbeiten anstehen. ☐

B Immer, wenn im Unternehmen feuergefährliche Arbeiten außerhalb dafür vorgesehener Arbeitsplätze anstehen und eine Brandgefahr möglich ist. ☐

C Ausschließlich bei Schweißarbeiten ☐

D Der Schein ist lediglich für Fremdhandwerker, nicht für die eigenen Mitarbeiter erforderlich. ☐

706. Wann dürfen feuergefährliche Arbeiten nicht ausgeführt werden?

A Wenn noch eine Brandgefahr besteht. ☐

B Wenn möglicherweise eine Explosionsgefahr vorliegt. ☐

C Wenn der Erlaubnisschein ordnungsgemäß ausgefüllt wurde. ☐

D Wenn das „o.k." des Versicherers noch nicht vorliegt. ☐

707. Wann muss das feuergefährliche Arbeiten durchführende Personal einen Erlaubnisschein ausfüllen und die darin enthaltenen Punkte beachten?

A Wenn diese Arbeiten außerhalb dafür vorgesehener Arbeitsplätze ausgeführt werden. ☐

B Wenn eine Brandgefahr bestehen kann. ☐

C Wenn möglicherweise eine Explosionsgefahr bestehen kann. ☐

D Wenn durch diese Arbeiten möglicherweise eine Gefährdung entstehen kann. ☐
E Es bedarf keines Erlaubnisscheins, wenn Werkstoffteile lediglich stark erhitzt werden. ☐

708. Was sind feuergefährliche Arbeiten? Nennen Sie mindestens drei verschiedene Tätigkeiten.

___

___

709. Was ist vor Beginn von feuergefährlichen Arbeiten zu tun? Notieren Sie mindestens drei Punkte.

___

___

710. Worauf ist während der Durchführung von feuergefährlichen Arbeiten zu achten? Notieren Sie mindestens drei Punkte.

___

___

711. Was ist nach Abschluss der feuergefährlichen Arbeiten zu tun? Notieren Sie mindestens zwei Punkte.

___

___

712. Wie viele Brandschutzhelfer werden in der DGUV Information 205-023 gefordert?

A Keine konkrete Vorgabe. ☐
B Eine ausreichende Anzahl, i.d.R. 5 % der Mitarbeiter. ☐
C Eine ausreichende Anzahl, i.d.R. 5 % der anwesenden Mitarbeiter. ☐
D Eine ausreichende Anzahl, i.d.R. 10 % der Belegschaft. ☐
E Eine ausreichende Anzahl, i.d.R. 15 % der Belegschaft. ☐

713. Mit wem sollte der Brandschutzbeauftragte versuchen, nicht in Kontakt zu treten?

A Geschäftsleitung. ☐
B Vorgesetzte Personen. ☐
C Mit dem Betriebsrat. ☐
D Mit den Mitarbeitern ohne Führungsfunktion. ☐
E Der Brandschutzbeauftragte sollte grundsätzlich versuchen, mit allen Personen eines Unternehmens in Kontakt zu stehen. ☐

714. Welche Teilnehmer sollten bei einer betrieblichen Brandschutzbegehung mitgehen? Nennen Sie mindestens drei.

____

____

715. Was unterscheidet eine T30 Tür von einer T90-RS Tür?

A Diese Bezeichnungen sind veraltet. ☐
B Die T30 Tür hält ein definiertes Feuer mindestens für eine halbe Stunde aus und ist im geschlossenen Zustand an beiden Seiten und oben dicht schließend; die T90-RS Tür hält ein definiertes Feuer mindestens 1,5 Stunden ab, sie ist im geschlossenen Zustand an allen vier Seiten dicht. ☐
C T30 Türen sind in Bandwänden gefordert, F90-RS Türen in Komplextrennwänden. ☐
D Die T30 Tür hält Feuer bis 300 °C aus, die T90-RS Tür ein Feuer bis 900 °C. ☐

716. Eine Brandschutztür wurde mittels Stapler mechanisch beschädigt. Was ist zu tun?

A Innerhalb von sechs Monaten ist ein mindestens gleichwertiger Ersatz einbauen zu lassen. ☐
B Eine andere, passende Tür in den Rahmen einsetzen und einen Türoberschließer anschweißen. ☐
C Tür austauschen gegen eine andere Tür aus Blech. ☐
D Die neu anzuschaffende Tür verfügt über ein geprägtes Schild, das Auskunft über die brandschutztechnische Einstufung gibt. Dem Unternehmen werden die Zulassung, eine Prüfbescheinigung und eine Übereinstimmungserklärung überreicht sowie eine Bedienungsanleitung. ☐

717. Welche Arbeiten erfordern eine besondere brandschutztechnische Kontrolle?

A Löten. ☐
B Schweißen. ☐
C Müll beseitigen. ☐
D Grundsätzlich alle Lagerarbeiten. ☐

718. Wonach richtet sich die Anzahl der nötigen Feuerlöscher?

A Nach den Vorgaben der zuständigen Feuerwehr. ☐
B Nach den Vorgaben der zuständigen Feuer-Versicherung. ☐
C Nach der ASR A 2.2. ☐
D Nach der Vorgabe der Gewerbeaufsicht, GA 133. ☐

719. Wie ist eine Brandschutzordnung für ein Unternehmen mit Verwaltungsbetrieb gegliedert?

A Eine konkrete Gliederung ist nicht nötig. ☐
B Nach DIN 14 096 in die Teile A, B und C. ☐
C Nach DIN 41 02 in A (Allgemeine Informationen), B (Brände löschen) und C (Chemische Gefahren bei Bränden vermeiden). ☐
D Nach den Vorgaben der Feuerversicherung (VdS 22 16). ☐

720. In welcher Reihenfolge müssen im Brandfall Sprinkler und Entrauchungsanlagen angefahren werden, um möglichst effektiv zu sein?

A Die Reihenfolge ist egal. ☐
B Die Sprinklerung muss als Erstes aufgehen. ☐
C Die Entrauchung muss als Erstes öffnen. ☐
D Beide sollen exakt zur gleichen Zeit aktiviert werden. ☐

721. Welche <u>ernstzunehmenden</u> Situationen können bei Gebäuderäumungen auftreten?

A Diebstähle, irrationales Verhalten, Panik. ☐
B Erhöhte Gefahr eines EDV-Absturzes. ☐
C Kunden können die Mitarbeiter telefonisch nicht erreichen. ☐
D Unnötiger Stromverbrauch und erhöhte Brandgefahr durch nicht ausgeschaltete Beleuchtungsanlagen. ☐

722. Welche Unternehmen müssen Flucht- und Rettungswegepläne aushängen?

A Jedes Unternehmen, unabhängig von der Größe. ☐
B Unternehmen, bei denen Dritte (Besucher, Kunden, Fremdarbeiter) die Gebäude besuchen. ☐
C Flucht- und Rettungswegepläne sind nötig, wenn es Lage, Art der Nutzung oder Gebäudeausdehnung erforderlich machen. ☐
D Flucht- und Rettungswegepläne sind erforderlich, wenn sich mehr als 200 Personen in einem Gebäude aufhalten. ☐

723. Wer ist zuständig für die Reparatur, Wartung und Prüfung von Brandmeldeanlagen und Brandlöschanlagen?

A Haustechniker mit Meistertitel. ☐
B Qualifizierte Mitarbeiter von zugelassenen Unternehmen. ☐
C Techniker vom VdS. ☐
D TÜV oder DEKRA. ☐

724. Wer handelt strafrechtlich schuldhaft?

A Personen, die fahrlässig Brände verursachen. ☐
B Personen, die vorsätzlich Brände verursachen. ☐
C Immer und überall jeder, der Mängel nicht beseitigt bzw. beseitigen lässt. ☐
D Vorgesetzte, die ihre Mitarbeiter nicht auf besondere Gefahren hinweisen. ☐

725. Welche Inhalte gehören in eine Brandschutzordnung, Teil C?

A Fachliche Inhalte zur brandschutzgerechten Mitarbeiterschulung. ☐
B Fachliche Inhalte zur korrekten Anweisung in Notsituationen. ☐
C Fachwissen zur Ersten Hilfe. ☐
D Verfahrenstechnisches Fachwissen. ☐

726. Welche Inhalte gehören in eine Brandschutzordnung, Teil B?

A Vorgaben zu korrektem Verhalten zur Brandverhütung. ☐
B Vorgaben, wie eine Gebäuderäumübung richtig durchzuführen ist. ☐
C Vorgaben zu korrektem Verhalten im Brandfall. ☐
D Anweisungen zur Ersten Hilfe nach Unfällen. ☐

727. Welche Inhalte gehören in eine Brandschutzordnung, Teil A?

A Im Brandfall Ruhe bewahren. ☐
B Entstehungsbrände löschen. ☐
C Gefährdete Personen warnen. ☐
D Regeln zur Gebäuderäumung. ☐

728. Wer sollte die Mitarbeiter hinsichtlich des Brandschutzes unterweisen?

A Der Geschäftsführer, weil er am meisten Autorität hat. ☐
B Der jeweilige Vorgesetzte. ☐
C Der Brandschutzbeauftragte. ☐
D Das ist Aufgabe des Technischen Aufsichtsbeamten der Berufsgenossenschaft. ☐

729. Wie viele Mitarbeiter sind in einem Produktionsunternehmen in Richtung Sicherheit jährlich zu unterweisen?

A 5 % ☐
B 10 % ☐
C 50 % ☐
D 100 % ☐

730. Wie lange muss eine Brandschutzunterweisung mindestens dauern?

A Das ist nicht geregelt. ☐
B Eine Unterrichtseinheit à 45 min. ☐
C Je Arbeitsjahr einen Tag. ☐
D 2 Zeitstunden (incl. 15 min Pause). ☐

731. Welche Einrichtung ist nach einem Brand möglichst umgehend zu verständigen?

A Die Feuerversicherung. ☐
B Die Baubehörde. ☐
C Die Berufsgenossenschaft. ☐
D Die Gewerbeaufsicht. ☐
E Die Polizei. ☐

732. Ein Mitarbeiter verwendet Sauerstoff, um sich Schweiß von der Haut und Schmutz von der Kleidung zu blasen. Wie ist das zu werten?

A Das ist eine Unsitte, weil Sauerstoff viel Geld kostet. ☐
B Das kann zu einer Abmahnung führen, weil der Mitarbeiter sich dadurch tödlich gefährdet. ☐
C Das ist üblich und nicht erwähnenswert. ☐
D Es kann passieren, dass sich die Kleidung des Mitarbeiters allein durch die Berührung mit einem Elektrostatik führenden Gegenstand zu einer explosionsartig ausbreitenden Flamme entzündet. ☐

733. Wer sollte nach Beendigung der Arbeit die Betriebsräume auf gefahrdrohende Umstände hin begehen?

A Diese Aufgabe darf nur eine vorgesetzte Person übernehmen. ☐
B Der Brandschutzbeauftragte. ☐
C Die Sicherheitsfachkraft. ☐
D Das Reinigungspersonal. ☐
E Das muss zumindest eine zuverlässige Person erledigen und kann daher auch von verantwortungsbewussten Reinigungskräften übernommen werden. ☐

734. Benennen Sie fünf typische Aufgaben eines Brandschutzbeauftragten.

____

____

735. Welche Themen sind bei einer Brandschutzschulung der Mitarbeiter insbesondere anzusprechen? Nennen Sie fünf.

____

____

736. Welche Maßnahme des Brandschutzes ist <u>am wichtigsten</u>?

A Wärmeschutzkleidung. ☐
B Anlagentechnischer Brandschutz. ☐
C Sicherheitsgerechtes Gestalten des Arbeitsbereichs, Vermeidung von Brandgefahren. ☐
D Übungen mit Feuerlöschern. ☐

737. Bei welchen Unternehmensarten empfiehlt es sich, die beiden Teile der Brandschutzordnung B und C zusammenlegen?

- A Nie, das ist nicht erlaubt. ☐
- B Bereiche, in denen primär Dritte anwesend sind (Verkaufsstätten, Versammlungsstätten) oder besonders viele hilfebedürftige Menschen (Altenheim, Kindertagesstätte). ☐
- C Industriehallen ☐
- D Verwaltungsgebäude ☐

738. Warum empfiehlt es sich, die Brandschutzordnung Teil B und C bei manchen Unternehmensarten zusammenzulegen?

____

____

739. Was ist das Gefährliche an geschrumpften Paletten (Folienschrumpfen)?

- A Nichts. ☐
- B Die Energie zum Schrumpfen kann Brände verursachen. ☐
- C Beim Schrumpfen entstehen hochgiftige zyklotische Dämpfe. ☐
- D Seit der Aktualisierung der Betriebssicherheitsverordnung ist das Folienschrumpfen verboten. ☐

740. Was gehört in einen Alarmplan?

- A Telefonnummern der in Notsituationen wichtigen Personen/Institutionen. ☐
- B Brandschutzordnung, Teil A. ☐
- C Verhalten bei Bombendrohungen. ☐
- D Erste-Hilfe-Anweisungen. ☐

741. Wie ist brandschutzgerecht mit „normalem“ Abfall umzugehen?

- A Das ist nicht geregelt, da Abfall nicht brennt. ☐
- B Dieser muss täglich vor der Arbeit entfernt werden. ☐
- C Dieser ist im Freien in sicherem Abstand zu Gebäuden zu lagern oder in eigens dafür vorgesehenen Räumlichkeiten. ☐
- D Dieser muss spätestens direkt nach Beendigung der Arbeit entfernt werden. ☐

742. Wie verhält man sich korrekt in notwendigen Fluren?

A Dazu gibt es keine Vorgaben. ☐
B Pflanzen können dann dort geduldet werden, wenn sie nicht störend in Nischen stehen, dort nicht gefährlich, kaum entzündbar sind und die Erde feucht gehalten wird. ☐
C Alle abgehenden Türen müssen selbstschließend sein. ☐
D Diese sind grundsätzlich frei zu halten. ☐

743. Wie lässt sich die Brandschadenhäufigkeit reduzieren?

A Schulung aller Mitarbeiter. ☐
B Sprinkleranlage ☐
C Arbeitsanweisungen erstellen, einführen, überprüfen. ☐
D Kontrollen ☐
E Brandwand ☐
F Handfeuerlöscher ☐
G Brandgefährliche Stoffe substituieren. ☐

744. Wie lässt sich die Brandschadenschwere reduzieren?

A Schulung aller Mitarbeiter. ☐
B Sprinkleranlage ☐
C Arbeitsanweisungen erstellen, einführen, überprüfen. ☐
D Kontrollen ☐
E Brandwand ☐
F Handfeuerlöscher ☐
G Brandgefährliche Stoffe substituieren. ☐

745. Nennen Sie drei Punkte, die Sie über Fluchtwegpläne wissen.

____

____

746. Welche Farben sind für Fluchtwegpiktogramme vorgegeben?

A Rot und Schwarz. ☐
B Blau und Weiß. ☐
C Gelb und Schwarz. ☐
D Grün und Weiß. ☐

747. Wie kann ein Vorgesetzter das Verhalten seiner Mitarbeiter hinsichtlich des Brandschutzes am ehesten verbessern?

A Abmahnung und Entlassung bei groben Verstößen. ☐
B Ständig, möglichst täglich sensibilisieren. ☐
C Androhen des Verlusts des Versicherungsschutzes durch die Berufsgenossenschaft. ☐
D Vorbildliches Verhalten, Brandschutz-Vorgaben transparent machen und Einhaltung kontrollieren, möglichst praxisnah und arbeitsplatzorientiert schulen. ☐

748. Was wissen Sie zu Regelungen zur Menschenrettung im Brandfall?

A Dafür ist die Feuerwehr zuständig. ☐
B So eine Vorbereitung ist nur in sog. Sonderbauten nötig. ☐
C Man muss körperlich oder geistig beeinträchtigte Menschen dabei berücksichtigen. ☐
D Der Gebäudebetreiber bzw. -nutzer muss sich Gedanken machen, wie die im Gebäude befindlichen Personen in Notsituationen wie z. B. Bränden zügig und möglichst gefahrlos aus dem Gebäude gelangen und wo Sammelplätze einzurichten sind. ☐

749. Wo sind brennbare Flüssigkeiten am besten zu lagern?

A Am Arbeitsplatz, solange jemand anwesend ist. ☐
B Am Arbeitsplatz, solange niemand anwesend ist. ☐
C Im Dachstuhl (wenn er nicht anderweitig genutzt wird). ☐
D Im Keller, wenn dort keine Aufenthaltsbereiche sind. ☐
E In Durchgängen zu Gebäuden im Innenhof. ☐
F In Büros, weil dort keine Zündquellen vorhanden sind. ☐
G In separaten Räumlichkeiten. ☐
H In Gefahrstoffschränken (maximales Volumen: 1 m^3) in Arbeitsräumen, wenn diese Schränke feuerbeständig sind. ☐

750. Fluchtwegkennzeichnungen sind …

A … immer anzubringen. ☐
B … nicht verbindlich geregelt. ☐
C … in Gebäuden nötig, wo es die Lage, die Ausdehnungen oder die Art der Nutzung erforderlich machen. ☐
D … nur in Gebäuden nötig, wo sich primär Fremde (Dritte) aufhalten und kaum Mitarbeiter. ☐

8. Zusammenarbeit mit Behörden, Feuerwehren, Versicherungen

751. Was fordert die ASF (Allgemeine Sicherheitsvorschriften der Feuerversicherungen)?

A Sicherheitsvorschriften sind den Vorgesetzten bekannt zu geben. ☐
B Ein Auszug aus der ASF ist auszuhängen. ☐
C Die ASF ist allen bekannt zu geben, ggf. in der Landessprache. ☐
D Es sind nicht brennbare Baustoffe für Lager- und Produktionshallen zu wählen. ☐

752. Was fordert die ASF u.a.?

A Es sind geeignete Feuerlöscher zu stellen. ☐
B Es gilt auf dem gesamten Firmengelände ein absolutes Rauchverbot. ☐
C Es muss eine Brandschutzordnung geben. ☐
D An feuergefährlichen Stellen ist ein Rauchverbot auszuschildern und einzuhalten. ☐

753. Wie sieht nach der ASF der korrekte Umgang mit Brandschutztüren aus? Notieren Sie mindestens zwei Punkte.

____

____

754. Darf der Feuerversicherer ein von ihm versichertes Unternehmen begehen?

A Das darf er nicht nur, dazu ist er sogar gesetzlich im VVG (Versicherungsvertragsgesetz) verpflichtet. ☐
B Nein, das darf er nicht. ☐
C Ja, das darf er. ☐
D Das hängt vom Versicherungsunternehmen ab, weil das privatrechtlich geregelt ist. ☐

755. Wann sollte man einen Brand im Unternehmen der Versicherung melden?

A Möglichst erst nach den abgeschlossenen Renovierungsarbeiten. ☐
B Innerhalb eines Kalenderjahrs bzw. Geschäftsjahrs sollten alle Brände subsumiert und somit einmal im Jahr gesammelt weitergereicht werden. ☐
C Baldmöglichst, ohne Rücksicht auf die Tageszeit oder das Datum. ☐
D Dazu gibt es keine Regelung. ☐

756. Sollte der Brandschutzbeauftragte zur Feuerversicherung bzw. zum Versicherungsmakler Kontakt haben?

A Er soll nicht nur, er muss es sogar gemäß ASF § 3.1(2). ☐
B Ja, die konstruktive Zusammenarbeit des Brandschutzbeauftragten mit einem Techniker bzw. Ingenieur der Versicherung ist sinnvoll und effektiv. ☐
C Nein. ☐
D Der Kontakt sollte immer erst nach Schäden hergestellt werden. ☐

757. Ist der Feuerversicherer vor Neu- und Umbauten in die Planung mit einzubeziehen?

A Ja, das ist sinnvoll. ☐
B Nein. ☐
C Bei baulichen Themen ist der Feuerversicherer der falsche Ansprechpartner. ☐
D Die realisierten Hinweise des Feuerversicherers können sich teilweise erheblich auf die Versicherungsprämie auswirken. ☐

758. Wer darf Begehungen in einem Unternehmen machen?

A Gewerbeaufsicht ☐
B Berufsgenossenschaft ☐
C Feuerversicherung ☐
D Personen, die von der Baubehörde oder von der Feuerwehr dazu beauftragt werden (sog. Brandschau). ☐

759. Was gilt hinsichtlich der Vorgaben der Feuerversicherungen?

A Deren Nichteinhaltung kann zu Strafzahlungen führen. ☐

B Deren Nichteinhaltung wird von der Gewerbeaufsicht und/oder der Berufsgenossenschaft in Strafe gestellt, wenn das Fehlverhalten bekannt wird bzw. bei einer Begehung erkannt wird. ☐

C Das kann im entsprechenden Schadensfall zur teilweisen oder gänzlichen Verweigerung der Zahlung führen. ☐

D Die Vorgaben entsprechen exakt den gesetzlichen Forderungen. ☐

760. Wie kann die Versicherungsprämie reduziert werden?

A Versicherungssumme niedriger abschließen als es den tatsächlichen Werten entspricht. ☐

B Doppelversicherungen abschließen (wird wegen fahrlässigen Verhaltens dann nur 50 % gezahlt, bekommt man dennoch die volle Summe). ☐

C Sprinkleranlage installieren. ☐

D Selbstbehalte je Schadenfall vereinbaren. ☐

761. Welche Forderungen haben die Feuerversicherer an feuergefährliche Arbeiten und welche Konsequenz kann deren Nichteinhaltung mit sich bringen?

A Brandschutztechnische Maßnahmen vor, während und nach der feuergefährlichen Arbeit sind verbindlich einzuhalten. ☐

B Gesetzliche und behördliche Brandschutzbestimmungen sind Bestandteil des Versicherungsvertrags. ☐

C Es kann im Extremfall zur gänzlichen Nichtregulierung der Schäden bei Verstößen gegen Sicherheitsvorschriften kommen, wenn die Verstöße kausal für die Schäden sind. ☐

D Es muss ein aktuell gehaltenes Explosionsschutzdokument für jedes versicherte Gebäude erstellt sein, unabhängig vom Gebäudeinhalt. ☐

762. Wie lassen sich Brände am effektivsten verhindern?

A Mögliche Brandschadenhäufigkeit und Brandschadenschwere in den einzelnen Bereichen individuell im Vorfeld reduzieren. ☐
B Bauliche Maßnahmen. ☐
C Anlagentechnische Maßnahmen. ☐
D Organisatorische Maßnahmen. ☐
E Abwehrenden Brandschutz primär stellen. ☐

763. In welchem Verhältnis steht die Feuerwehr zu Ihrem Unternehmen?

A Die Feuerwehr ist immer weisungsbefugt. ☐
B Die Feuerwehr ist im Brandfall weisungsbefugt. ☐
C Die Feuerwehr ist als vorgesetzte Aufsichtsbehörde anzusehen, die Strafen ausstellen kann. ☐
D Man sollte sie vor einem Brand möglichst nie ins Unternehmen einlassen. ☐

764. Welche Aufgaben erfüllt die Baubehörde?

A Sie muss Gebäude regelmäßig begehen lassen. ☐
B Sie erteilt die Baugenehmigung für Gebäude und regelt deren Nutzungen. ☐
C Sie ist Ansprechpartner bei Neu-, An- und Umbauplänen sowie auch bei Nutzungsänderungen. ☐
D Die Bauämter sind im Zuge der Gebietsreform von 2014 abgeschafft worden bzw. sind nun den Gewerbeaufsichtsämtern untergeordnet. ☐

765. Welche Aussage aus dem Versicherungsvertragsgesetz ist richtig?

A Im Fall einer grob fahrlässigen Verletzung ist der Versicherer berechtigt, seine Leistung in einem der Schwere des Verschuldens des Versicherungsnehmers entsprechenden Verhältnis zu kürzen. ☐
B Kommen brennbare Gebäudebestandteile zum Einsatz und führen diese bei einem Schadenfeuer zu einer Brandschadenvergrößerung, so ist die Schadensersatzpflicht des Versicherers auf den reinen Inhaltsschaden begrenzt. ☐
C Führt grob fahrlässiges oder vorsätzliches Verhalten eines normalen Mitarbeiters zu einem Brandschaden, so beträgt die Ersatzpflicht der Versicherung i.d.R. 50 %. ☐

766. Was kann zu einer Erhöhung der Feuer-Versicherungsprämien führen?

A Gefahrenerhöhungen durch eine Lackiererei oder Schreinerei in einem Elektrounternehmen. ☐
B Nicht abgetrennte Ladestationen. ☐
C Offene Heizungen. ☐
D Geisterschichten. ☐

767. Sind Löschmittelschäden bei der Feuerversicherung mitversichert?

A Ja, immer (auch Sprinklerleckage). ☐
B Nie, dazu ist eine spezielle Löschmittel-Schutzversicherung abzuschließen. ☐
C Grundsätzlich ja, aber das Löschmittel muss geeignet sein und darf keinen unverhältnismäßig großen Schaden anrichten. ☐
D Nein, diese Schäden sind nicht versichert und auch nicht versicherbar. ☐

768. Welche Aussage(n) hinsichtlich der Versicherungsprämie ist/ sind richtig?

A Die Versicherungsprämie ist abhängig von der Unternehmensart. ☐
B Die Versicherungsprämie ist abhängig von vorhandener, realisierter Brandschutztechnik. ☐
C Wenn alle Türen eines Gebäudes selbstschließend, rauchdicht und mindestens feuerhemmend sind, dann reduziert sich die Prämie um $1/5$ (= 20 v. H.). ☐
D Wenn alle Vorgaben des Bundeskartellamts umgesetzt werden, kann ein Rabatt gewährt werden. ☐
E Es ist nicht erlaubt, von den verbindlich vorgegebenen Prämien nach oben oder unten abzuweichen. ☐

769. Möchte der Feuer-Gebäudeversicherer das Unternehmen besichtigen …

A … sollte versucht werden, das abzulehnen oder hinauszuzögern. ☐
B … sollte der Termin möglichst so gelegt werden, dass der Brandschutzbeauftragte nicht anwesend ist, um unangenehmen Fragen auszuweichen. ☐

C ... sollte der Brandschutzbeauftragte mitgehen, Fragen bspw. hinsichtlich Fluchtwege, Verfahrenstechnik, Personal (Anzahl, Qualifizierung), eingesetzte Energien und Stoffe (fest, flüssig, gasförmig) beantworten und auch eigene Fragen stellen können. ☐
D ... so ist das grundsätzlich nicht erlaubt. ☐
E ... ist zuvor alles aufräumen, sauber zu machen, Schwachstellen zu beseitigen und möglichst an „kritischen“ Stellen vorbeizugehen. ☐

770. Wozu sind Feuerversicherungen berechtigt?

A Unternehmen zu begehen. ☐
B Sie dürfen individuelle Auflagen machen, die nicht in den Sicherheits-Gesetzen stehen, die dann verbindlicher Bestandteil des Versicherungsvertrags sind. ☐
C Jederzeit das Unternehmen zu begehen (Schlüssel muss übergeben werden). ☐
D Nach einem Brandschaden vor Ort prüfen, ob der Versicherungsfall eingetreten ist oder nicht. ☐

771. Zahlt die Feuerversicherung, wenn Dritte durch Brandstiftung Schäden am Unternehmen verursachen?

A Ja, grundsätzlich ist Brandstiftung mitversichert. ☐
B Nein, der Versicherungsschutz greift nicht. ☐
C Nur bei fahrlässiger Brandstiftung, nicht bei vorsätzlicher Brandstiftung. ☐
D Das geht bei gewerblichen Versicherungen, nicht aber bei industriellen. ☐

772. Welche Komponente des anlagentechnischen Brandschutzes wirkt sich positiv auf die Reduzierung von Versicherungsprämien aus?

A Sprinklerung. ☐
B Handfeuerlöscher mit Wasser. ☐
C Rauch- und Wärmeabzugsanlage. ☐
D Feuerwehrzufahrt. ☐
E Rauchschürzen. ☐
F Nichtbrennbare Bodenbeläge. ☐
G Handfeuerlöscher mit Löschgasen. ☐

773. Was unterscheidet „Komplextrennwände“ von „Brandwänden“?

A In der VdS 2234 werden Komplextrennwände als F 180 Wände empfohlen; Komplextrennwände sind jedoch nicht baurechtlich gefordert, es gibt sie nur privatrechtlich. ☐

B Solche Wände haben keine brandschutztechnischen Vorteile. ☐

C Diese weisen keine Öffnung auf, weder für Türen, Stromleitungen oder Rohre; somit kann kein Brand durch diese besonderen „Brandwände“ gehen. ☐

D Sie sind aus nicht brennbaren Materialien und die Türen müssen mindestens feuerhemmend sein. ☐

E Wenn man anstatt einer „Brandwand“ eine „Komplextrennwand“ errichtet, dann kann (kann, nicht muss) es sein, dass der Feuerversicherer die Prämie senkt. ☐

9. Bebilderte Situationen

774. In Ihrem Unternehmen werden diese doppelwandigen Kunststoffbehälter eingesetzt, die der Hersteller zur Aufbewahrung von ölgetränkten Lappen freigegeben hat. Dürfen Sie diese einsetzen?

A Nein, das ist verboten. ☐

B Ja, der professionelle Hersteller kann nachweisen, dass diese Behälter im geschlossenen Zustand brandsicher sind (d. h. geschlossen können sie nicht von innen nach außen brennen). ☐

C Da der Behälter von außen nach innen brennen kann, ist er hoch gefährlich. ☐

D Es ist nicht verboten, dass man brennbare Abfallbehälter hierfür hat. ☐

©Friedl

775. Muss die Vorgabe auf dem abgebildeten Schild (Anfahrzone für Feuerwehr) selbst bei Bauarbeiten eingehalten werden?

A Ja, das ist jetzt gerade besonders wichtig. ☐

B Nein, nicht bei Bauarbeiten. ☐

C Das ist abhängig von der Regelung im Brandschutzkonzept. ☐

D Dieses Schild ist unverbindlich, da es auf einem Privatgrundstück steht. ☐

©Friedl

776. Dieses Fenster im obersten Stock eines Treppenraums zwischen dem 6. Obergeschoss und dem Dachgeschoss lässt sich öffnen; es hat einen lichten Querschnitt von 0,25 m². Wie stufen Sie das ein?

©Friedl

A Das Fenster muss vom Erdgeschoss aus anfahrbar (= zu öffnen) sein. ☐
B Der Querschnitt ist zu gering, er muss mindestens 0,5 m² betragen. ☐
C Der Querschnitt ist zu gering, er muss beim obersten Fenster mindestens 1 m² betragen. ☐
D Die Situation ist korrekt ausgeführt. ☐

777. Diese Gasflaschen stehen über Nacht auf einer kleinen Baustelle im Bürotrakt. Ist das korrekt?

A Ja. ☐
B Nein, die Flaschen müssen gegen fahrlässiges Umfallen gesichert sein. Zudem dürfen sie nachts nicht im Gebäude gelagert werden. ☐
C Nein, die Flaschen müssen von den Anschlüssen getrennt, mit Schutzkappen versehen und liegend gelagert werden. ☐
D Wenn keine potenziellen Zündquellen in der Nähe sind, verstößt das nicht gegen geltende Vorschriften. ☐

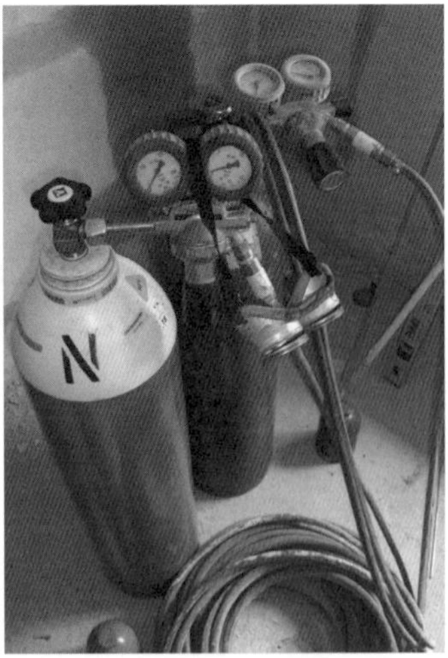

©Friedl

778. Sie sehen eine Leuchtstofflampe, montiert an einer Raumdecke. Der Starter ist herausgefallen und hat ein ovales Loch in die Kunststoffeinhausung gebrannt. Man hat den Starter ausgetauscht und betreibt die Lampe weiter.

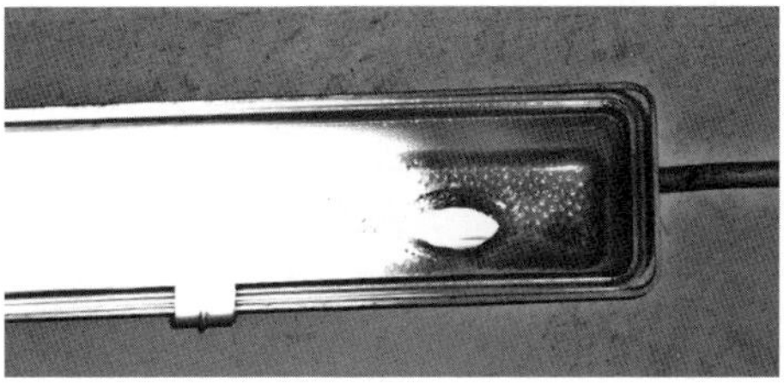
©Friedl

A Das ist ein optisches bzw. kosmetisches Problem, kein brandschutztechnisches. ☐
B Das sollte baldmöglichst ausgetauscht werden, denn der nächste Starter könnte aufgrund eines Defekts ebenfalls brennen, durch das ovale Loch durchfallen und brennbare Gegenstände darunter entzünden. ☐
C Das ist ein grober Verstoß, der binnen Minuten beseitigt sein muss. ☐
D Die Situation ist strafrechtlich relevant einzustufen. ☐

779. Der Kunstschmied arbeitet hier in seiner Werkstatt. Benötigt er für diese feuergefährliche Arbeit einen Schweißerlaubnisschein?

©Friedl

A Ja, arbeitstäglich. ☐
B Ja, aber es reicht ein Schein für eine Woche. ☐
C Nein. ☐
D Ja, aber es reicht ein Schein für einen Monat. ☐

780. An einem bestehenden Gebäude wird innerhalb von 3 Wochen nachträglich eine Außendämmung (Vollwärmeschutz) angebracht. Die Arbeiten dauern insgesamt weniger als 500 Personentage. Was ist hierbei brandschutztechnisch zu beachten?

A Es muss ein Sicherheits- und Gesundheitsschutz-Koordinator (SiGeKo) gestellt werden. ☐

B Es muss ein Bauantrag gestellt werden. ☐

C Bei solchen Schönheitsreparaturen muss es keinen Bauantrag geben, weil am Gebäudegrundriss und seiner Nutzung grundsätzlich nichts verändert wird; dies gilt allerdings nur dann, wenn nichtbrennbare Dämm-Materialien zum Einsatz kommen. ☐

D Während der Bauarbeiten ist die Brandgefahr geringer als davor und danach. ☐

©Friedl

781. Ein Arbeiter hat den Brenner liegen lassen, weil er eine kurze Pause macht. Wie stufen Sie das ein?

A Wenn die Pause nicht länger als 2–3 Minuten dauert, kann das akzeptiert werden. ☐

B Das ist als fahrlässig einzustufen. ☐

C Wenn keine brennbaren Gegenstände in der Nähe sind, ist das vertretbar. ☐

D Das ist grob fahrlässig. ☐

©Friedl

782. Der zweite Fluchtweg führt über eine außenliegende Treppe auf ein Dach, dann über den abgebildeten Weg in einen Treppenraum. Entspricht dies den Vorgaben?

©Friedl

A Nein, das ist ein grober Verstoß gegen die jeweilige Landesbauordnung. ☐

B Ja, das ist korrekt. ☐

C Die sicherheitstechnisch bessere Lösung wäre eine anleiterbare Stelle für die Drehleiter der Feuerwehr zu schaffen. ☐

D Die sicherheitstechnisch bessere Lösung wäre eine außen montierte Fluchtleiter mit Rückenschutz direkt am Gebäude, die vertikal nach unten führt. ☐

783. Sie sehen einen elektrischen Durchlauferhitzer. Welche der nachfolgenden Aussage(n) ist/sind richtig?

A Der Durchlauferhitzer muss von einer Elektrofachkraft gewartet werden. ☐

B Der Abstand zwischen Gerät und offenem Abfallbehälter rechts unten im Bild sollte nicht unterschritten werden. ☐

C Es ist verboten, solche Geräte nach 2015 noch zu betreiben. ☐

D Das Gerät ist korrekt angebracht, aber es muss allabendlich ausgeschaltet werden. ☐

©Friedl

784. Entspricht diese Fluchtleiter vertikal entlang an dem Gebäude mit 5 oberirdischen Geschossen den aktuellen Vorgaben?

©Friedl

A Es fehlt unten die Warteplattform, oder die Leiter wird ganz bis zum Boden geführt; wird das realisiert, ist die Situation korrekt. ☐

B Es fehlt der Rückenschutzkorb, ansonsten ist diese Leiter (wenn sie ausreichend befestigt ist) korrekt. ☐

C Diese Leiter ist nicht mehr zulässig, weil der Rückenschutzkorb fehlt sowie ein Umsteigen nach ca. 7 m. ☐

D Diese Leiter ist korrekt ausgeführt und montiert. ☐

785. Im Lager stehen Sauger, Hubwagen, Kompressor, Gasflaschen und noch ein paar andere Gegenstände. Ist das zulässig?

©Friedl

A Ja, sofern die Gasflaschen nur zur Hälfte gefüllt sind. ☐

B Nein; die Gasflaschen müssen in einem eigenen Lagerbereich untergebracht und gegen fahrlässiges Umfallen gesichert werden. ☐

C Ja, nur der Hubwagen ist zu entfernen. ☐

D Ja, nur der gelagerte Kompressor muss anderswo aufbewahrt werden. ☐

786. Diese Flüssiggase sind außen am Gebäude gelagert. Welche der nachfolgenden Aussagen ist/sind korrekt?

©Friedl

A Sie müssen im Gebäude gelagert sein. ☐

B Man muss dafür sorgen, dass austretende Gase nicht ins Gebäude (Kellerfenster) gelangen. ☐

C Nur die acht großen Flaschen müssen so befestigt sein, dass sie durch fahrlässiges Verhalten nicht umfallen können. ☐

D Es ist nicht erlaubt, dass Regen/Sonne/Schnee auf die sensiblen Gasflaschen treffen. ☐

787. Hier sehen Sie ölgetränkte Metallspäne (Abfall). Was gilt?

©Friedl

A Metall ist nicht brennbar. ☐

B Ölgetränkte Metallspäne können entzündet werden, weil die Relation der Oberfläche zum Volumen äußerst negativ ist und sie sehr heiß brennen. ☐

C Solcher Abfall muss in geschlossenen Behältern gelagert werden, die permanent mit Stickstoff (N_2) inertisiert werden. ☐

D Das darf über den Hausmüll entsorgt werden. ☐

788. Das ist einer der Fluchtwege aus dem Versammlungsraum eines Hotels. Ist das korrekt, was Sie hier sehen?

©Friedl

A Ja, wenn der erste Fluchtweg korrekt ausgeführt ist. ☐

B Nein, das ist ein grober Verstoß, der – je nach Schadensereignis – strafrechtlich verfolgt wird. ☐

C Wenn Rauchmelder melden, wo/wann es brennt, kann die Situation geduldet werden. ☐

D Es ist nicht erlaubt, dass eine Treppe aus einem Versammlungsraum führt, der Ausgang muss ebenerdig sein – insofern kann ein rechtmäßiger Zustand auch nicht durch Entfernen der Stühle hergestellt werden. ☐

789. Diese Ladestation für einen Gabelstapler steht im Unternehmen. Ist das korrekt?

A Ja. ☐

B Nein, es ist ein Abstand von mindestens 2,5 m (Radius) frei von Brandlasten zu halten. ☐

C Solche Ladegeräte müssen immer in eigenen Räumlichkeiten (feuerbeständige Wände, feuerhemmende Türen) untergebracht sein. ☐

D Ladegeräte dieser Art müssen in einem Radius von mindestens 50 cm brandlastfrei gehalten werden. ☐

©Friedl

790. Ist für derartige Lötarbeiten ein sog. Erlaubnisschein für feuergefährliche Arbeiten auszufüllen?

A Ja, wenn das Löten außerhalb dafür vorgesehener Arbeitsplätze stattfindet. ☐

B Nein, das ist primär für Schweißarbeiten nötig. ☐

C Nein, denn Lötkolben werden zwar warm, aber nicht gefährlich heiß. ☐

D Ja, das ist immer nötig, egal wo gelötet wird. ☐

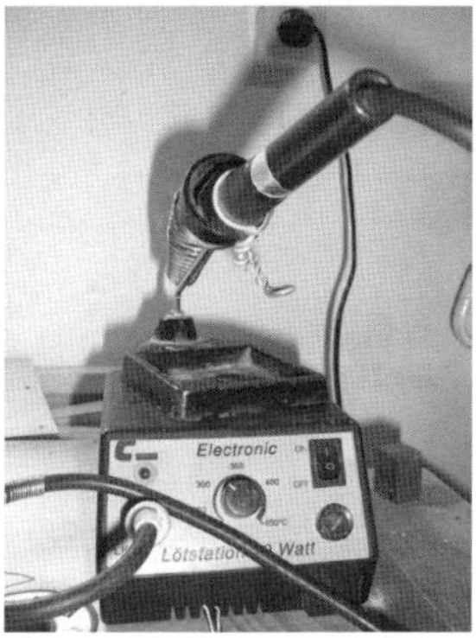

©Friedl

791. Es wurden zwei Metallrohre durch diesen Rahmen der T 30-Tür geführt. Wie ist das zu werten?

©Friedl

A Das ist korrekt, solange sich die Tür noch dicht schließen lässt. ☐

B Wenn ein zugelassenes Schottsystem (Brandschott-Mörtel, Weichschott, Hartschott) bei dem Durchbruch verwendet wurde, ist die Situation rechtmäßig. ☐

C Das ist ein grober Verstoß; die Situation ist nicht mehr reparabel. ☐

D Wenn eine Gefährdungsbeurteilung positiv verläuft, liegt die Situation im noch tolerierbaren Bereich. ☐

792. Sie sehen viele Batterien. Was ist hier zutreffend?

©Friedl

A Das ist sicherlich Notstrom, z. B. für die Beleuchtung, den Aufzug, die EDV oder weitere sicherheitstechnische Anlagen. ☐

B Hier muss eine effektive Entlüftung installiert sein, weil eine Explosionsgefahr bestehen könnte. ☐

C Der Raum ist chemikalienresistent auszulegen, bzw. es sind passende, ausreichend dimensionierte Blechbehälter als Auffangwannen unterhalb anzubringen. ☐

D Es muss ein Explosionsschutzdokument geben, das auch diesen Raum betrifft. ☐

793. Wie beurteilen Sie die Situation auf dem Foto?

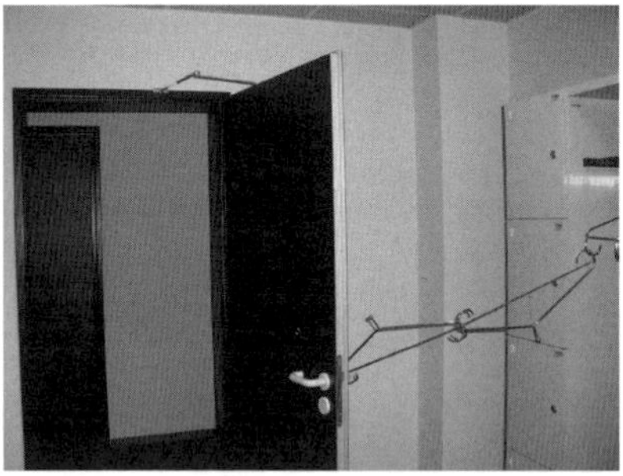

©Friedl

A Da es sich nicht um eine Brandschutztür handelt, ist es nicht verboten, diese Tür aufzuhalten. ☐

B Das ist entweder eine Rauchschutztür oder eine rauchdichte Tür, die selbstschließend ausgelegt ist. Diese Tür aufzuhalten, ist gesetzeswidrig. ☐

C Das ist optisch wenig schön, ein Holzkeil wäre passender. ☐

D Wenn im Flur Rauchmelder mit Sirenen angebracht sind, kann man so einen Zustand großzügig dulden. ☐

794. Sie sehen ein großes Tanklager, bei dem oberhalb horizontal zwei metallene Leitungen verlegt sind mit offenen Düsen (unterhalb des Absturzgitters). Welche Aussage/n ist/sind falsch?

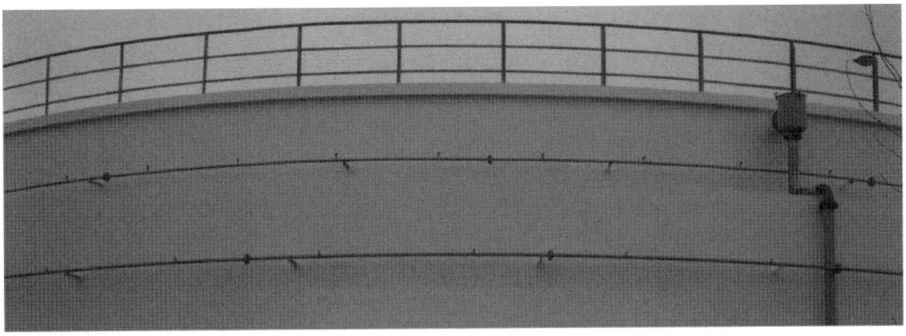

©Friedl

A Das ist eine Löschanlage (Sprinkleranlage), falls der Behälter brennt. ☐

B Das ist eine Löschanlage (Sprühflutanlage), falls der Behälter brennt. ☐

C Das ist eine Kühlanlage, falls ein danebenstehender Behälter brennt; die Anlage dient demnach der Kühlung. ☐

D Die zwei metallenen Leitungen haben keine brandschutzrelevante Funktion. ☐

795. Sie sehen hier ein Elektroschweißgerät. Was stimmt?

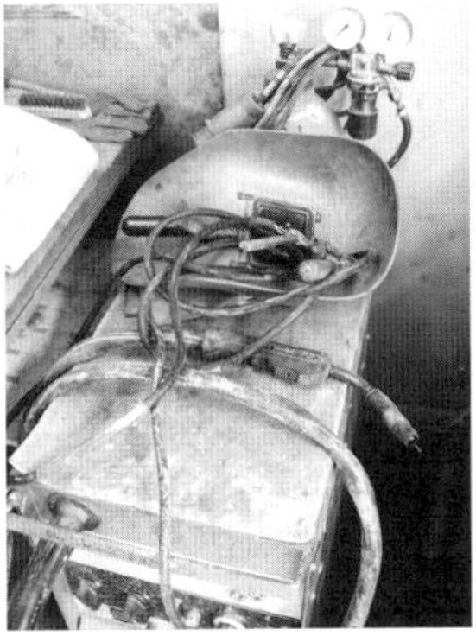

©Friedl

A Das Gas in der angeschlossenen Gasflasche ist brennbar, damit ist die gesamte Anlage sehr gefährlich. ☐

B Das Gas in der angeschlossenen Gasflasche ist zwar nicht brennbar; wenn die Flasche (z. B. wegen eines Feuers) zerstört wird, entsteht eine Gefahr für Menschen. ☐

C Diese Anlage ist aufgrund der Gasflasche nachts immer im Freien zu lagern. ☐

D Der indirekte Anschluss über Druckminderer mit Anzeige ist inzwischen nicht mehr erlaubt. ☐

796. In einem Geschäft wird diese Tür als Fluchtweg ausgeschildert, davor steht ein Regal. Wie stufen Sie das ein?

©Friedl

A Da das Geschäft über einen Eingang verfügt, kann im Brandfall über diesen geflohen werden. ☐

B Es reicht der Spalt rechts vom Regal von ca. 40 cm, diese Tür ist lässt sich also noch relativ gut passieren. ☐

C Es muss diesen zweiten, passierbaren Ausgang geben. Das Verstellen des Ausgangs ist ein grober Verstoß, der umgehend beseitigt werden muss. ☐

D Das Einrichten des hier abgebildeten Ausgangs ist freiwillig, deshalb darf er verstellt sein. ☐

797. Wie stufen Sie die beiden Fluchtwege ein?

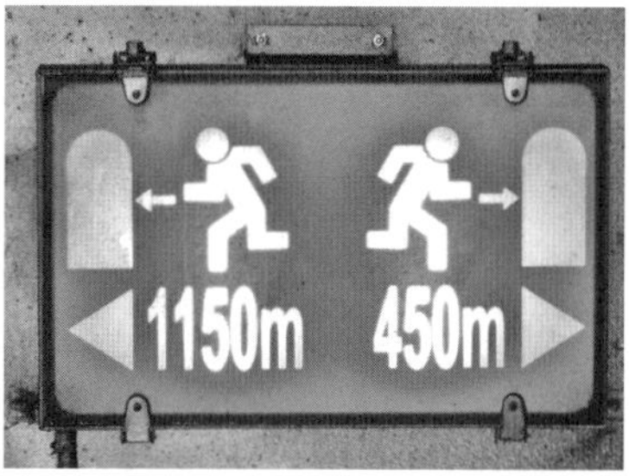

©Friedl

A Verboten, beide Fluchtwege sind zu lang. ☐

B Solche Fluchtwege sind in großen Industriehallen durchaus üblich. ☐

C Es handelt sich offensichtlich um einen Tunnel für Fahrzeuge; in einer Notsituation ist der voraussichtlich sicherere, nicht der kürzere Weg zu wählen. ☐

D Für gesunde Menschen ist es kein Problem, 450 m in einer Industriehalle zurückzulegen. ☐

798. Dies ist ein großes Hochregallager mit sehr hohem Wert. Gibt es Besonderheiten zu beachten?

©Friedl

A Von der Baugesetzgebung wird eine Sprinkleranlage gefordert. ☐

B Zudem verlangt auch der Feuerversicherer eine Sprinkleranlage. ☐

C Dieses Lager benötigt keinen Sprinklerschutz, da keine Personen gefährdet sind, wenn es brennt und weil keine Zündquellen vorhanden sind. ☐

D Eine Sprinkleranlage wäre hier wenig geeignet, vorzuziehen ist eine Gaslöschanlage (Kohlendioxid oder Argon oder Inergen). ☐

799. Sie sehen hier einen Eimer mit leeren Batterien zur Entsorgung gesammelt. Geht hiervon eine Gefahr aus?

A Nein, denn die Batterien haben zu wenig Spannung und sind zudem leer. ☐

B Eine hohe Explosionsgefahr bei so vielen Batterien. ☐

C Die Batterien können sich kurzschließen und ein Schadenfeuer verursachen. ☐

D Gefahrenmindernd empfiehlt es sich, die Pole der Batterien mit einem Klebestreifen abzukleben. ☐

©Friedl

800. Sie sehen eine Fritteuse mit zwei Behältern je 15 Liter, das Fett hat eine Temperatur von 160 °C. Geht von der Fritteuse eine Gefahr aus?

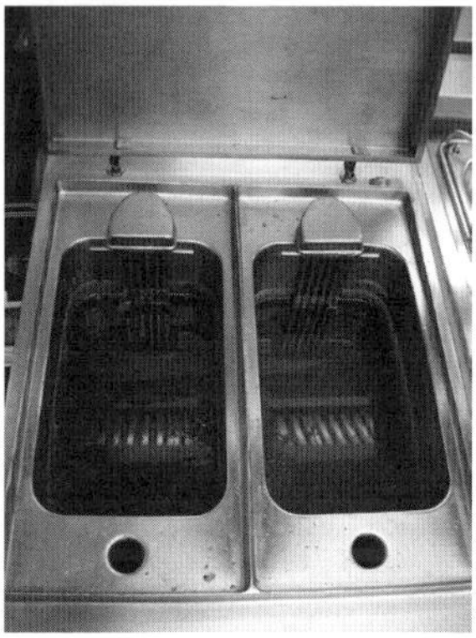

©Friedl

A Die Gefahr ist genauso groß wie bei einer Fritteuse mit 1,5 l oder mit 50 l. ☐

B Es entsteht primär eine Gefahr, wenn eine Flüssigkeit in das heiße Fett gelangt. ☐

C Bei Temperaturen bis ca. 230 °C kann das Fett nicht brennen, selbst wenn Wasser hineingelangt; daher ist bis zu dieser Temperatur nicht mit einer Gefahr zu rechnen. ☐

D Gelangt Wasser in das Fett, wird das Fett herausgesprengt; dies kann selbst bei dieser noch nicht allzu hohen Temperatur Menschen in Lebensgefahr bringen. ☐